U0245652

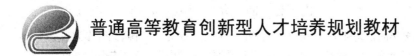
普通高等教育创新型人才培养规划教材

离散数学

许克祥 张 娟 万 敏 编著

北京航空航天大学出版社

内 容 简 介

本书是在使用多年的自编讲义的基础上几经修改、补充而成的。本书以集合作为基本研究对象，详细阐述了集合论、代数结构、图论与数理逻辑四部分的内容，全书共分为六章，内容包括：集合与基数、关系、格与布尔代数、群论、图论与数理逻辑。书中各章均配有难度不等的习题，供学生练习巩固之用。书中概念叙述清楚，证明规范严谨，基本概念后面安排了一定数量的例题，便于学生更好的理解，锻炼学生的逻辑推理能力。

本书可作为高等学校数学类信息与计算科学专业离散数学课程的教学用书，特别适合具有较好数学基础的学生使用，也可供计算机等相关专业师生及广大科研人员参考之用。

图书在版编目（CIP）数据

离散数学 / 许克祥，张娟，万敏编著. —北京：
北京航空航天大学出版社，2014.10
ISBN 978-7-5124-1594-2

Ⅰ. ①离…　Ⅱ. ①许…　②张…　③万…　Ⅲ. ①离散数学—高等学校—教材　Ⅳ. ①O158

中国版本图书馆 CIP 数据核字 (2014) 第 225695 号

离散数学

许克祥　张　娟　万　敏　编著

责任编辑　赵延永　张艳学

*

北京航空航天大学出版社出版发行

北京市海淀区学院路 37 号（邮编 100191）　http://www.buaapress.com.cn
发行部电话：（010）82317024　传真：（010）82328026
读者信箱：goodtextbook@126.com　邮购电话：（010）82316936
涿州市新华印刷有限公司印装　各地书店经销

*

开本：710×1000　1/16　印张：9　字数：192 千字
2015 年 1 月第 1 版　2015 年 1 月第 1 次印刷　印数：3000 册
ISBN 978-7-5124-1594-2　定价：22.00 元

前　　言

　　离散数学属于现代数学的范畴，是研究离散量的结构及相互关系的一门学科。随着计算机科学技术的飞速发展，离散数学日益显示出不可替代的重要作用。作为计算机科学的理论基础，离散数学是计算机科学与技术专业的一门核心课程，也是信息科学与计算专业的必修课程之一。

　　本书是编者在多年教学实践的基础上，参考了国内外多种同类优秀教材，结合自己的教学、科研成果编写而成的。在编写过程中，我们力求证明规范严谨，内容通俗易懂，以帮助学生提高抽象思维和逻辑思维能力，为他们进一步学习相关计算机学科打下坚实的数学理论基础。此外，根据数学专业的特点，对已使用三年的自编讲义内容进行了一定的删减和修改，对有的章节进行了重新组织，以加强学生理论联系实际、提出问题和解决问题的能力。本书共分六章，基本内容分为集合论、代数结构、图论和数理逻辑四大部分，全部讲授需要 60 学时左右。书中每部分有一定的联系，但也相互独立，故讲授者可以按照课本编排顺序讲授，也可以根据自己的喜好自行确定讲授顺序。每章均配有难度不等的习题，供学生练习巩固之用。由于学时限制，那些重要的但没有包括在本书中的内容（比如组合学）建议另设选修课继续讲授。

　　本书 1~5 章由许克祥编写，第 6 章由万敏编写，附录部分由张娟编写。为便于读者参阅相关英文教材，本书附录中给出离散数学名词的中英文对照表。

　　本书不仅可以作为高等院校信息科学与计算等相关专业的教材，也可作为考研人员和计算机工作者的参考书。

　　南京航空航天大学数学系倪勤教授、殷洪友教授和唐月红教授、石河子大学数学系倪科社教授在本书编写过程中提供了热情的帮助，硕士研究生刘红爽同学对书稿做了仔细的校对，南京航空航天大学数学系的诸多同仁、教务处金科处长、吕勉哉科长等相关领导也给予了直接的关心，本教材的出版得到南京航空航天大学"十二五"第二批教材规划建设项目 (2014 JC 4108053) 的资助。北京航空航天大学出版社的编辑也为本书的出版做了大量工作。在此一并表示诚挚的谢意。

　　限于编者水平，书中疏漏甚至错误之处，敬请读者不吝指正。

作者

2014 年 7 月

目　　录

第一章 集合与基数

集合是数学中最基本的重要概念之一。很多数学家认为，所有的数学都可以用集合论的术语来表示。集合论是计算机科学领域中不可缺少的数学工具，它起源于 16 世纪末，但实际是 19 世纪 70 年代由德国数学家康托尔 (Gegore Cantor, 1845-1918) 在关于无穷序列的研究中创立的。康托尔对无穷集进行了深入的研究，提出了基数、序数和序集等理论，奠定了集合论的基础。因此，康托尔是公认的集合论的创始人。1900 年前后，由于各种悖论的出现，特别是 1901 年英国数学家、哲学家罗素 (B. A. W. Russell) 悖论的出现，使集合论的发展一度受阻。随后，许多数学家、哲学家为克服这些矛盾建立了各种公理化体系，其中以 20 世纪初、中期的 ZFS(E. Zermoelo-A. Fraekel-T. Skolem) 和 NBG(Von Neumann-P. Bernays-K. Gobdel) 公理化体系最为流行。20 世纪 60 年代，在 P. L. Cohen 用强制方法得到了关于连续统与选择公理的独立成果后涌现了大批研究成果。同时，美国数学家 L. A. Zadeh 提出了 Fuzzy 集理论，20 世纪 80 年代波兰数学家 Z. Pawlak 引入了 Rough 集理论，作为两种新的集合理论，这两种理论明显区别于以往的集合理论，受到学术界的重视。

现在，集合论不仅作为一门纯数学成为数理逻辑的一个主要分支，而且作为精确、严谨而又简便的语言，已经渗透到现代数学的各个领域，成为整个数学的基础。此外，集合论在形式语言、编译原理、人工智能、数据库等诸多计算机科学领域中也有着重要的应用。

本章主要介绍集合的基础知识，主要包括集合的概念、集合的运算及基本性质，无限集及集合的基数等。这些基本概念是集合论的基础，将贯穿离散数学的整个学习过程。集合论的其他重要内容，比如关系、格等，将在接下来的第二章和第三章中分别讲述。

1.1 集合的概念

集合是最基本的数学概念，它的严谨定义属于数学的一个分支 —— 公理集合论的研究范畴，这里只给出集合的描述性定义。

定义 1.1.1　某种特定场合下考察研究的对象的全体称为**集合**，其中的对象称为集合的**元素**，集合也常简称为**集**。

例如：方程 $x^n - 1 = 0$ 的所有的解构成一个集合，实数域上所有的 $m \times n$ 矩阵也构成一个集合，还有自然数集、整数集、有理数集等，都是集合的例子。

一般用大写字母 A, B, C, $\cdots$ 表示集合，而用小写字母 a, b, c, $\cdots$ 表示集合中的元素。这里约定用 **N** 表示自然数集，**N*** 表示不含零的自然数集，用 **Z** 表示整数集，用 **Q** 表示有理数集，用 **R** 表示实数集，而 **C** 则表示复数集。

若 a 是集合 A 中的元素，则称 a 属于 A，记为 $a \in A$；反之，若 a 不是集合 A 中的元素，则称 a 不属于 A，记为 $a \notin A$。例如 $3 \in \mathbf{N}$，$\sqrt{2} \notin \mathbf{Q}$ 等。

注 1　集合的元素是互异的。

即同一个元素在集合中多次出现时，应该认为是一个元素。比如：$\{1, 2, 2, 3, 3\} = \{1, 2, 3\}$。

注 2　集合的元素是无序的。

即集合与其中元素出现的顺序无关。比如：$\{1, 2, 3\} = \{2, 3, 1\}$。

集合的表示方法通常有以下两种：

1. 列举法

这种方法是将集合中的所有元素列出来，元素之间用逗号隔开，然后再用花括号括起来表示一个集合。比如：$\mathbf{N}^* = \{1, 2, 3, \cdots\}$ 等。

2. (特征) 描述法

有些集合不便或不能用列举法表示，这时，可以考虑用 (特征) 描述法加以表示。特征描述法是指出属于一个集合的元素的共有属性，而不属于这一集合的任意元素都不具有这一属性。比如，集合 $\{x | x \in R,$ 且 $0 < x < 1\}$ 表示开区间 $(0, 1)$ 上所有实数组成的集合。一般的，若集合 A 中的所有元素都具有性质 P，不属于 A 的元素都不具有性质 P，即集合 A 是所有具有性质 P 的元素组成的集合。这时，将 A 表示为：

$$A = \{x | P(x)\}$$

为了体系上的严谨性，规定：对任意集合 A，都有 $A \notin A$。

定义 1.1.2　对任意两个集合 A、B，若集合 A 中的每一个元素都是 B 中的元素，则称 A **包含于** B，也称 A 是 B 的**子集**，记作 $A \subseteq B$。

对两个集合 A、B，若 $A \subseteq B$，则有:$B \supseteq A$，也称 B 包含 A。若 A 不被 B 包含，则记作 $A \nsubseteq B$。显然，对任意集合 A，都有 $A \subseteq A$。

例 1.1.1 $\mathbf{N} \subseteq \mathbf{Z} \subseteq \mathbf{R}$，但 $\mathbf{Z} \nsubseteq \mathbf{N}$。

根据集合所含元素的个数多少，集合可以分为有限集和无限集。集合所含元素个数有限的称为**有限集**，否则称为**无限集**。特别的，不含任何元素的集合称为**空集**，记为 $\varnothing$。例如 $\{x | x \neq x\}$ 就是一个空集。而由考察对象的全体构成的集合称为**全称集合**，记为 E。必须指出，全称集合的概念具有相对性。

例 1.1.2 设 $A = \{1, 2, 3\}$，求 A 的所有子集。

解：根据 A 的子集所含元素的个数进行分类：

0 元子集：$\varnothing$；

1 元子集：$\{1\}$，$\{2\}$，$\{3\}$；

2 元子集：$\{1,2\}$，$\{2,3\}$，$\{3,1\}$；

3 元子集：$\{1, 2, 3\}$。

故 A 的所有子集为：$\varnothing$，$\{1\}$，$\{2\}$，$\{3\}$，$\{1,2\}$，$\{2,3\}$，$\{3,1\}$，$\{1, 2, 3\}$。

思考：对 n 元集合 A，它的子集共有多少个? 为什么?

定义 1.1.3 对任意两个集合 A、B，若 A、B 包含相同的元素，则称 $A = B$。下面给出一个显然但很有用的推论。

推论 1.1.1 对任意两个集合 A、B，有：$A = B$ 当且仅当 $A \subseteq B$，且 $B \subseteq A$。

定义 1.1.4 对任意两个集合 A、B，若 $A \subseteq B$，且 $A \neq B$，则称 A **真包含于** B，也称 A 是 B 的**真子集**，记作 $A \subsetneqq B$。

对任意集合 A，都有：$\varnothing \subseteq A \subseteq E$，对任意非空集合 A，都有：$\varnothing \subsetneqq A$。下面给出空集的两个性质。

推论 1.1.2 空集是一切集合的子集。

推论 1.1.3 空集是唯一的。

定理 1.1.1 集合之间的包含关系具有下列性质：

(1) $A \subseteq A$ (自反性)；

(2) 若 $A \subseteq B$，且 $B \subseteq A$，则有 $A = B$ (反对称性)；

(3) 若 $A \subseteq B$，且 $B \subseteq C$，则有 $A \subseteq C$ (传递性)。

其中 A, B, C 为任意三个集合。

定理的前两条前面已提到过，第三条的证明留作练习。

特别的, 一个集合中的所有元素可以都是集合。由一些集合作为元素组成的新的集合称为**集合族**。例如, 若 $A_n = \{x | 0 < x < 1 + \frac{1}{n}\}$, 则 $\{A_n | n \in \mathbf{N}^*\}$ 就是以非零自然数集 $\mathbf{N}^*$ 为下标集, 以 $A_n(n \in \mathbf{N}^*)$ 为元素的集合族。

1.2　集合的运算与性质

众所周知, 实数之间可以进行加、减、乘、除等运算, 得到的结果仍然是实数。那么自然要问, 集合之间是否也有类似的结论? 这一节主要介绍集合之间的运算及相关性质。

1.2.1　集合的基本运算

1.1. 集合的交

定义 1.2.1　由集合 A 和 B 的公共元素组成的集合, 称为集合 A 和 B 的**交集**, 记作 $A \cap B$, 即

$$A \cap B = \{x | x \in A, \text{且} x \in B\}$$

例 1.2.1　设 $A = \{1, 2, 3\}$, $B = \{2, 4, 6\}$, $C = \{1, 2, 3, 5, 8\}$, 则 $A \cap B = \{2\}$, $A \cap C = \{1, 2, 3\}$。

定理 1.2.1　对任意三个集合 A, B, C, 有:

(1) $A \cap B = B \cap A$ (交换律);

(2) $(A \cap B) \cap C = A \cap (B \cap C)$ (结合律)。

证明: 根据交集的定义, (1) 显然成立; 下面证明 (2)。

对任意 $x \in (A \cap B) \cap C$, 根据交集的定义, 有 $x \in A \cap B$, 且 $x \in C$。类似的, 有 $x \in A$, 且 $x \in B$。所以, 有 $x \in A$, 且 $x \in (B \cap C)$, 即 $x \in A \cap (B \cap C)$, 故 $(A \cap B) \cap C \subseteq A \cap (B \cap C)$。

同理可得 $A \cap (B \cap C) \subseteq (A \cap B) \cap C$。所以, 有 $(A \cap B) \cap C = A \cap (B \cap C)$。证毕。

定理 1.2.2　若集合 $A \subseteq B$, 则对任意集合 C 有 $A \cap C \subseteq B \cap C$。

根据子集和交集的定义, 该定理易证。证明留作练习。

为了直观地表示集合之间的运算, 还可以采用图解的方式。这种图称为文氏 (John Venn, 1834-1883) 图 (Venn diagram)。一般的, 在文氏图中, 用矩形表示全集

E(有时 E 可以不必写出), 用矩形内的圆表示 E 的任意子集。例如, 图 1-1 中的阴影部分表示集合 A 与 B 的交集。

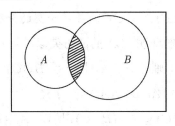

图 1-1

2. 集合的并

定义 1.2.2　由集合 A 和 B 的所有元素组成的集合, 称为集合 A 和 B 的**并集**(或和集), 记作 $A \cup B$。即

$$A \cup B = \{x | x \in A, \ 或 \ x \in B\}$$

两集合 A, B 的并运算的文氏图如图 1-2 所示。

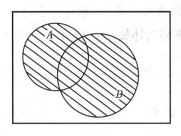

图 1-2

类似于定理 1.2.1 和 1.2.2, 有如下定理:

定理 1.2.3　对任意三个集合 A, B, C, 有:

(1) $A \cup B = B \cup A$ (交换律);

(2) $(A \cup B) \cup C = A \cup (B \cup C)$ (结合律)。

定理 1.2.4　若集合 $A \subseteq B$, 则对任意集合 C, 有 $A \cup C \subseteq B \cup C$。

以上两个定理的证明留作练习。

定理 1.2.5　若集合 $A \subseteq B$, $C \subseteq D$, 则有: $A \cup C \subseteq B \cup D$。

证明: 因为 $A \subseteq B$, 根据定理 1.2.4, 有 $A \cup C \subseteq B \cup C$; 由定理 1.2.3, 有 $B \cup C = C \cup B$ 和 $B \cup D = D \cup B$, 考虑到 $C \subseteq D$ 和定理 1.2.4, 有 $B \cup C \subseteq B \cup D$, 即 $A \cup C \subseteq B \cup C \subseteq B \cup D$。证毕。

定理 1.2.6　对任意三个集合 A, B, C, 下列两个分配律成立:

(1) $A \cap (B \cup C) = (A \cap B) \cup (A \cap C)$ (交关于并的分配律);

(2) $A \cup (B \cap C) = (A \cup B) \cap (A \cup C)$ (并关于交的分配律)。

证明: 这里只给出 (1) 的证明, (2) 的证明类似可得, 这里略去不证。

对任意 $x \in A \cap (B \cup C)$, 则有 $x \in A$, 且 $x \in (B \cup C)$。即 $x \in A$, 且 $x \in B$, 或者 $x \in A$, 且 $x \in C$。从而有 $x \in (A \cap B) \cup (A \cap C)$, 于是, $A \cap (B \cup C) \subseteq (A \cap B) \cup (A \cap C)$。

同理可得 $(A \cap B) \cup (A \cap C) \subseteq A \cap (B \cup C)$。所以, $A \cap (B \cup C) = (A \cap B) \cup (A \cap C)$。证毕。

下面列出交和并两种运算的其他性质 (证明留作练习)。

定理 1.2.7　对任意两个集合 A, B, 有:

(1) $A \cap A = A$, $A \cup A = A$ (幂等律);

(2) $A \cup (A \cap B) = A$, $A \cap (A \cup B) = A$ (吸收律)。

3. 集合的补

定义 1.2.3　设 A 和 B 是两个集合, 所有属于 A 但不属于 B 的元素组成的集合称为 B 对于 A 的**补集**(或**相对补集**), 也称 A 关于 B 的**差集**, 记作 $A \setminus B$。即

$$A \setminus B = \{x \mid x \in A, \text{且} x \notin B\}$$

特别的, A 的**绝对补集**定义如下:

定义 1.2.4　$\overline{A}^{①} \triangleq \{x \mid x \in E, \text{且} x \notin A\}$

显然, $\overline{A} = E \setminus A$。对任意两个集合 A 和 B, 有: $A \setminus B = A \cap \overline{B}$。

两集合 A, B 的相对补运算 $A \setminus B$ 的文氏图如图 1-3 所示。

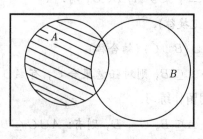

图 1-3

定理 1.2.8　对任意三个集合 A, B, C, 下列德. 摩根 (De. Morgan) 律成立:

---

① 国标中规定 A 中子集 B 的补集或余集表示为 $\complement_A B$, 本书中全集 E 的子集 A 的补集用 $\overline{A}$ 表示

(1) $A \setminus (B \cup C) = (A \setminus B) \cap (A \setminus C)$;

(2) $A \setminus (B \cap C) = (A \setminus B) \cup (A \setminus C)$。

证明：这里只给出 (1) 的证明，(2) 的证明类似可得，这里略去不证。

对任意 $x \in A \setminus (B \cup C)$，则有 $x \in A$，且 $x \notin (B \cup C)$。即 $x \in A$，且 $x \notin B$，且 $x \notin C$。从而有 $x \in A$，$x \notin B$，且 $x \in A$，$x \notin C$，故 $x \in (A \setminus B) \cap (A \setminus C)$。于是，$A \setminus (B \cup C) \subseteq (A \setminus B) \cap (A \setminus C)$；

同理可得 $(A \setminus B) \cap (A \setminus C) \subseteq A \setminus (B \cup C)$。所以，$A \setminus (B \cup C) = (A \setminus B) \cap (A \setminus C)$。证毕。

推论 1.2.1 对任意两个集合 A, B，有

(1) $\overline{A \cup B} = \overline{A} \cap \overline{B}$;

(2) $\overline{A \cap B} = \overline{A} \cup \overline{B}$。

本书中，对有限集 T，除特别声明外，用 $|T|$ 表示其中所含元素的个数。

例 1.2.2 求 1 到 1000 之间 (包括 1 和 1000 在内) 既不能被 5 和 6 整除，也不能被 8 整除的整数有多少个。

解：设 $S = \{x | x \in \mathbf{Z}, 1 \leqslant x \leqslant 1000\}$，$A = \{x | x \in S, 5 | x\}$，$B = \{x | x \in S, 6 | x\}$，$C = \{x | x \in S, 8 | x\}$。用 $\lfloor x \rfloor$ 表示不大于 x 的最大整数，$\mathrm{lcm}(x_1, x_2, \cdots, x_m)$ 表示 $x_1, x_2, \cdots, x_m$ 的最小公倍数。则有：

$$|A| = \left\lfloor \frac{1000}{5} \right\rfloor = 200, |B| = \left\lfloor \frac{1000}{6} \right\rfloor = 166, |C| = \left\lfloor \frac{1000}{8} \right\rfloor = 125;$$

$$|A \cap B| = \left\lfloor \frac{1000}{\mathrm{lcm}(5, 6)} \right\rfloor = 33, |A \cap C| = \left\lfloor \frac{1000}{\mathrm{lcm}(5, 8)} \right\rfloor = 25, |B \cap C| = \left\lfloor \frac{1000}{\mathrm{lcm}(6, 8)} \right\rfloor = 41;$$

$$|A \cap B \cap C| = \left\lfloor \frac{1000}{\mathrm{lcm}(5, 6, 8)} \right\rfloor = 8。$$

根据对应的文氏图 (图 1-4)，可知:

不被 5，6，8 整除的数有 $1000 - (200 + 100 + 33 + 67) = 600$(个)。

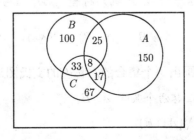

图 1-4

更一般的, 有如下著名的结论 (它的证明超出了本书的范围, 从略)。

定理 1.2.9(容斥原理)　设 S 为有限集, $P_1, P_2, \cdots, P_m$ 是 m 个性质, S 中元素 x 或者具有性质 P_i, 或者不具有性质 $P_i(i = 1, 2, \cdots, m)$, 即两者必具其一。令 A_i 表示 S 中具有性质 P_i 的元素构成的子集, 则 S 中不具有性质 $P_1, P_2, \cdots, P_m$ 的元素个数为

$$|\overline{A_1} \cap \overline{A_2} \cap \cdots \cap \overline{A_m}| =$$
$$|S| - \sum_{i=1}^{m} |A_i| + \sum_{1 \leqslant i < j \leqslant m} |A_i \cap A_j| - \sum_{1 \leqslant i < j < k \leqslant m} |A_i \cap A_j \cap A_k| +$$
$$\cdots + \cdots + (-1)^m |A_1 \cap A_2 \cap \cdots \cap A_m|$$

推论 1.2.2　S 中至少具有一条性质 P_i 的元素个数为

$$|A_1 \cup A_2 \cup \cdots \cup A_m| =$$
$$\sum_{i=1}^{m} |A_i| - \sum_{1 \leqslant i < j \leqslant m} |A_i \cap A_j| + \sum_{1 \leqslant i < j < k \leqslant m} |A_i \cap A_j \cap A_k| -$$
$$\cdots + \cdots + (-1)^{m-1} |A_1 \cap A_2 \cap \cdots \cap A_m|$$

思考: 若 $A_1, A_2, \cdots, A_n$ 为任意 n 个集合, 是否有如下结论:
(1) $\overline{A_1 \cup A_2 \cup \cdots \cup A_n} = \overline{A_1} \cap \overline{A_2} \cap \cdots \cap \overline{A_n}$;
(2) $\overline{A_1 \cap A_2 \cap \cdots \cap A_n} = \overline{A_1} \cup \overline{A_2} \cup \cdots \cup \overline{A_n}$。

例 1.2.3　证明: 对任意两个集合 A, B, 有 $(A \setminus B) \cup B = A \cup B$。

证明:
$$(A \setminus B) \cup B = (A \cap \overline{B}) \cup B = (A \cup B) \cap (\overline{B} \cup B)$$
$$= (A \cup B) \cap E = A \cup B$$

下面引入两个集合的对称差的概念。

定义 1.2.5　A 和 B 是两个集合, 所有属于 A 但不属于 B, 或属于 B 但不属于 A 的元素组成的集合称为 A 与 B 的**对称差**, 记作 $A \oplus B$, 即

$$A \oplus B = (A \setminus B) \cup (B \setminus A)$$

思考: 你能否正确地画出两个集合的对称差的文氏图? 试试看!

例 1.2.4　证明: 对任意两个集合 A, B, 有
(1) $A \oplus B = (A \cup B) \setminus (A \cap B)$;
(2) $|A \oplus B| = |A| + |B| - 2|A \cap B|$。

证明: (1) 根据定义 $A \oplus B = (A \setminus B) \cup (B \setminus A)$, 只须证明 $(A \setminus B) \cup (B \setminus A) = (A \cup B) \setminus (A \cap B)$ 即可。

对任意 $x \in (A \setminus B) \cup (B \setminus A)$, 有 $x \in (A \setminus B)$, 或 $x \in (B \setminus A)$。即 $x \in A$ 或 $x \in B$, $x \notin A \cap B$, 所以, $x \in (A \cup B) \setminus (A \cap B)$, 从而有 $(A \setminus B) \cup (B \setminus A) \subseteq (A \cup B) \setminus (A \cap B)$。

类似可证: $(A \cup B) \setminus (A \cap B) \subseteq (A \setminus B) \cup (B \setminus A)$。故结论成立。

根据 (1) 的结论, (2) 结论显然成立。

根据例 1.2.4, 易知: 当 $A \cap B = \varnothing$ 时, 有 $A \oplus B = A \cup B$。

1.2.2　幂集与笛卡儿乘积

在例 1.1.2 中, 得到了集合 A 的所有子集, 那么由这些子集作为元素构成的集合 (族) 具有哪些特殊的性质呢?

定义 1.2.6　对任意集合 A, 由 A 的所有子集组成的集合称为 A 的**幂集**, 记作 $\rho(A)$ 或 2^A, 即

$$\rho(A) = \{X | X \subseteq A\}$$

易见, 对任意集合 A, $X \subseteq A$ 当且仅当 $X \in \rho(A)$。

定理 1.2.10　对有限集合 A, 若 $|A| = n$, 则有 $|\rho(A)| = 2^n$。

证明: 对 n 用数学归纳法。

$n = 0$ 时, $A = \varnothing$, 显然 $\rho(\varnothing) = \{\varnothing\}$ 中只有一个元素。结论成立。

假设 $n = k - 1$ 时结论成立, 现在证明 $n = k$ 时结论也成立。

不妨设 $A = \{a_1, a_2, \cdots, a_{k-1}, a_k\}$, $W = \{a_1, a_2, \cdots, a_{k-1}\}$。则有 $A = W \cup \{a_k\}$。易见

$$\rho(A) = \rho(W) \cup \{A_0 \cup \{a_k\} | A_0 \subseteq W\}$$

根据归纳假设, 有 $|\rho(W)| = 2^{k-1}$。而集合 $\{A_0 \cup \{a_k\} | A_0 \subseteq W\}$ 中含有 2^{k-1} 个元素, 且 $\rho(W) \cup \{A_0 \cup \{a_k\} | A_0 \subseteq A\} = \rho(A)$。所以 $|\rho(A)| = 2 \times 2^{k-1} = 2^k$, 即结论在 $n = k$ 时仍成立。

根据归纳原理, 结论成立, 证毕。

例 1.2.5　设 A, B 是任意两个集合, 则下列两条等价

(1) $A \subseteq B$;

(2) $\rho(A) \subseteq \rho(B)$。

证明: (1) ⇒ (2): 对任意 $X \in \rho(A)$, 有 $X \subseteq A$, 根据已知条件, 有 $X \subseteq B$, 即 $X \in \rho(B)$。所以, $\rho(A) \subseteq \rho(B)$。

(2) ⇒ (1): 对任意 $x \in A$, 有 $\{x\} \subseteq A$, 即 $\{x\} \in \rho(A)$。根据已知条件, 有 $\{x\} \in \rho(B)$, 有 $\{x\} \subseteq B$, 即 $x \in B$。所以, $A \subseteq B$。

例 1.2.6　设 A, B 是任意两个集合, 证明:

(1) $\rho(A) \cap \rho(B) = \rho(A \cap B)$;

(2) $\rho(A) \cup \rho(B) \subseteq \rho(A \cup B)$。

证明: (1) $X \in \rho(A) \cap \rho(B) \Leftrightarrow X \in \rho(A)$, 且 $X \in \rho(B) \Leftrightarrow X \subseteq A$, 且 $X \subseteq B \Leftrightarrow$
$$X \subseteq (A \cap B) \Leftrightarrow X \in \rho(A \cap B), \text{ 即 } \rho(A) \cap \rho(B) = \rho(A \cap B);$$

(2) 对任意 $X \in \rho(A) \cup \rho(B)$, 则有 $X \in \rho(A)$, 或 $X \in \rho(B)$, 即 $X \subseteq A$, 或 $X \subseteq B$, 从而, 有 $X \subseteq (A \cup B)$。所以, $X \in \rho(A \cup B)$。结论成立。

思考: 能否举例说明, 存在两个集合 A, B, 使 $\rho(A) \cup \rho(B) \subsetneqq \rho(A \cup B)$? 并进一步说明, (2) 中等式成立时, 集合 A, B 应满足什么条件?

日常生活中, 有许多事物是成对出现的, 而且这些成对出现的事物具有一定的顺序。比如, 张三身高高于李四, 南京位于江苏, 平面上点的坐标等。一般的, 两个具有固定次序的客体组成的一对元素, 常常表示两个客体之间的某种关系。更一般的, 有如下概念:

定义 1.2.7　对自然数 n, 由 n 个元素 a_1, a_2, $\cdots$, a_n 组成的一个有序序列, 称为一个 **n 元有序组**, 记作 $(a_1, a_2, \cdots, a_n)$, 其中 a_i 称为该 n 元有序组的第 i 个坐标, $i = 1, 2, \cdots, n$。特别的, $n = 2$ 时, (a_1, a_2) 称为一个有序对或序偶, 其中 a_1 称为**第一元素**, a_2 称为**第二元素**。

规定, $(a_1, a_2, \cdots, a_n) = (b_1, b_2, \cdots, b_n)$, 当且仅当 $a_i = b_i, i = 1, 2, \cdots, n$。

必须指出, 三元组是一个序偶, 其第一元素也是一个序偶, 故三元组可形式化表示为 $((x,y), z)$。当四元组看做一个序偶时, 第一元素是三元组, 以此类推。

定义 1.2.8　由集合 A_1, A_2, $\cdots$, A_n 中依次各取一个元素构成的 n 元有序组的全体称为 A_1, A_2, $\cdots$, A_n 的**笛卡儿乘积**, 记作 $A_1 \times A_2 \times \cdots \times A_{n-1} \times A_n = (A_1 \times A_2 \times \cdots \times A_{n-1}) \times A_n$。特别的, $A \times A \times \cdots \times \times A = A^n$。

定理 1.2.11　笛卡儿乘积对并和交运算都满足分配律。即对任意三个集合 A, B, C, 有:

(1) $A \times (B \cup C) = (A \times B) \cup (A \times C)$,

(2) $(B \cup C) \times A = (B \times A) \cup (C \times A)$,

(3) $A \times (B \cap C) = (A \times B) \cap (A \times C)$,

(4) $(B \cap C) \times A = (B \times A) \cap (C \times A)$。

证明： 我们只证明第 (3) 条，其余类似可证。

对任意 $(x, y) \in A \times (B \cap C)$，当且仅当 $x \in A$，且 $y \in (B \cap C)$；

当且仅当 $x \in A$，且 $y \in B$, $y \in C$；当且仅当 $(x, y) \in A \times B$，且 $(x, y) \in A \times C$；

当且仅当 $(x, y) \in (A \times B) \cap (A \times C)$。证毕。

下面列出笛卡儿乘积的几条性质。

(1) 对任意集合 A，有 $A \times \varnothing = \varnothing = \varnothing \times A$；

(2) 对任意非空互异的集合 A, B，有 $A \times B \neq B \times A$；

(3) 对任意非空互异的集合 A, B, C，有 $(A \times B) \times C \neq A \times (B \times C)$ （想一想，为什么?）；

(4) 若集合 $A \subseteq B$，且 $C \subseteq D$，则有 $A \times C \subseteq B \times D$。

思考： 能否举例说明，上述第 4 条的逆命题不成立？

例 1.2.7 设 $A = \{1, 2\}$，求 $\rho(A) \times A$。

解: $\rho(A) = \{\varnothing, \{1\}, \{2\}, \{1, 2\}\}$,

故 $\rho(A) \times A = \{(\varnothing, 1), (\varnothing, 2), (\{1\}, 1), (\{2\}, 1), (\{1\}, 2), (\{2\}, 2), (\{1, 2\}, 1), (\{1, 2\}, 2)\}$。

1.3　集合的基数

基数是用来衡量集合中元素个数多少的一个量。对有限集 A，A 的基数就是其中元素的个数，即前面已经用到过的 $|A|$。那么，对无限集，基数又是什么呢？

我们先引入两个集合之间一一对应的概念。

定义 1.3.1 对于两个集合 A, B，存在一个对应法则 φ，即 $\varphi: A \longrightarrow B$，使

(1) A 中每个元素与 B 中唯一元素相对应，即 $\forall x \in A$，存在唯一的 $y \in B$，使 $y = \varphi(x)$；

(2) A 中不同元素对应于 B 中不同元素，即当 $x_1, x_2 \in A$，且 $x_1 \neq x_2$ 时，有 $\varphi(x_1), \varphi(x_2) \in B$，且 $\varphi(x_1) \neq \varphi(x_2)$；

(3) B 中每个元素都被对应到，即 $\forall y \in B$, $\exists x \in A$，使 $y = \varphi(x)$。

称 φ 是 A 到 B 的一个一一对应。

特别的，当 $A=B$ 时，称 φ 是 A 上的一个一一对应。

注　只有同时满足上述三条性质的对应法则才是一一对应。

例 1.3.1　$\varphi_1(x)=\ln x$, $\varphi_2(x)=|x|$, $\varphi_3(x)=\mathrm{e}^x$ 都不是 $\mathbf{R}$ 上的一一对应。

例 1.3.2　令 $\mathbf{Z}_2^+$ 表示全体正偶数构成的集合，则 $\varphi(x)=2x$ 是集合 $\mathbf{N}^*$ 到 $\mathbf{Z}_2^+$ 的一一对应。

定义 1.3.2　对于任意两个集合 A,B，若存在一个 A 到 B 的一一对应，则称集合 A 与 B **等势**。记作 $A\sim B$。

显然，有 $\mathbf{N}^*\sim\mathbf{Z}_2^+$。

例 1.3.3　证明: (1) $(0,1)\sim(a,b)$，其中 $a,b\in\mathbf{R}$，且 $a<b$;　(2) $(0,1)\sim(-\infty,+\infty)$。

证明: (1) 令 $f(x)=a+(b-a)x$，则 f 是 $(0,1)$ 到 (a,b) 的一一对应;

(2) 令 $g(x)=\tan(\pi x-\dfrac{\pi}{2})$，则 g 是 $(0,1)$ 到 $(-\infty,+\infty)$ 的一一对应。

故结论成立。

定理 1.3.1　集合之间的等势具有下列性质

(1) 对任意集合 A，有 $A\sim A$; (自反性)

(2) 对任意两个集合 A,B，若 $A\sim B$，则有 $B\sim A$; (对称性)

(3) 对任意三个集合 A,B,C，若 $A\sim B$，且 $B\sim C$，则有 $A\sim C$。(传递性)

证明: (1) 对任意 $x\in A$，令 $\varphi(x)=x$，则 φ 是 A 到 A 的一个一一对应。故 $A\sim A$;

(2) 设 $A\sim B$，φ 是 A 到 B 的一种一一对应。对任意 $y\in B$，存在 $x\in A$，使 $\varphi(x)=y$。把 B 中的元素 y 与 A 中的元素 $x(\varphi(x)=y)$ 相对应，相应的对应法则记为 ψ，易证 ψ 是 B 到 A 的一一对应。故 $B\sim A$;

(3) 设 $A\sim B$，$B\sim C$，且 φ_1 是 A 到 B 的一种一一对应，φ_2 是 B 到 C 的一种一一对应。对任意 $x\in A$，令 $\psi(x)=\varphi_2(\varphi_1(x))$，可以证明 ψ 是 A 到 C 的一一对应。故 $A\sim C$。证毕。

推论 1.3.1　对两个有限集 A,B，有 $A\sim B$，当且仅当 $|A|=|B|$。

对所有集合进行分类。等势的集合归于一类，不等势的在不同类，对于每一个这样的集类赋予一个记号，称为这个集类中每个集合的**基数**，比如集合 A 的基数记作 $|A|$。显然，有限集的基数就是它所含元素的个数。换句话说，集合的基数是集合

中元素个数概念的推广。

定理 1.3.2 若 $A_1 \cap A_2 = \varnothing$, $B_1 \cap B_2 = \varnothing$, 且 $A_1 \sim B_1$, $A_2 \sim B_2$, 则有 $A_1 \cup A_2 \sim B_1 \cup B_2$。

证明：设 φ_1 是 A_1 到 B_1 的一种一一对应, φ_2 是 A_2 到 B_2 的一种一一对应。令 $A = A_1 \cup A_2$, $B = B_1 \cup B_2$。因为 $A_1 \cap A_2 = \varnothing$, 所以, $x \in A$ 时, 有 $x \in A_1$, 或 $x \in A_2$。令

$$\varphi(x) = \begin{cases} \varphi_1(x) & x \in A_1 \\ \varphi_2(x) & x \in A_2 \end{cases}$$

则 φ 使 A 中的元素与 B 中的唯一元素相对应。对 A 中两个不同元素 x, x', 当 x, x' 分属两个不同子集 A_1, A_2 时, 不妨设 $x \in A_1$, $x' \in A_2$, 则有 $\varphi(x) \in B_1$, $\varphi(x') \in B_2$, 又因为 $B_1 \cap B_2 = \varnothing$, 所以 $\varphi(x) \neq \varphi(x')$; 当 x, x' 同时属于 A_1 或 A_2 时, 根据一一对应的定义, $\varphi(x) \neq \varphi(x')$。

对任意 $y \in B$, 不妨设 $y \in B_1$, 则存在 $x \in A_1$, 使 $\varphi_1(x) = y$, 即 $\varphi(x) = y$。

即 φ 是集合 A 到 B 的一一对应。故 $A_1 \cup A_2 \sim B_1 \cup B_2$。证毕。

注 定理中的 $A_1 \cap A_2 = \varnothing$, $B_1 \cap B_2 = \varnothing$ 条件不可缺少。例如 $A_1 = A_2 = \{1\}$, $B_1 = \{a\}$, $B_2 = \{b\}$, 但 $A_1 \cup A_2$ 与 $B_1 \cup B_2$ 不等势。

1.4 无 限 集

这一节主要讨论无限集的性质。

定义 1.4.1 与自然数集 **N** 等势的集合称为**可列集**, 也称为**可数集**。

显然, 自然数 **N**、正偶数集 $\mathbf{Z}_2^+$ 都是可列集。

例 1.4.1 证明 **Z** 是可列集。

证明：对任意 $x \in \mathbf{Z}$, 令

$$\varphi(x) = \begin{cases} 2x & x > 0 \\ 1 & x = 0 \\ -2x + 1 & x < 0 \end{cases}$$

可以证明, φ 是集合 **Z** 到 **N** 的一一对应。证毕。

定理 1.4.1 集合 A 是可列集, 当且仅当 A 可以排成一个无限序列: $a_1, a_2, a_3 \cdots$ $a_n, \cdots$。

证明：⇒: $A \sim \mathbf{N}^*$，设 φ 是 A 到 $\mathbf{N}^*$ 的一一对应。将 A 中的元素 a 排在第 $\varphi(a)$ $(\varphi(a) \in \mathbf{N}^*)$ 个位置上，则 A 中不同元素排在不同位置上，且当 $n \in \mathbf{N}^*$ 时，总有 A 中某一元素排在序列中的第 n 个位置上。所以，$A = \{a_1, a_2, a_3 \cdots a_n, \cdots\}$。

⇐: 若 $A = \{a_1, a_2, a_3 \cdots a_n, \cdots, \}$，令 $\varphi(a_n) = n$，易证 φ 是 A 到 $\mathbf{N}^*$ 的一一对应，所以 $A \sim \mathbf{N}^*$，故 A 是可列集。证毕。

若集合 A 是有限集或可列集，则称 A 为**至多可列集**。

定理 1.4.2   可列集的任一子集是至多可列集。

证明：设集合 A 是无限集，且 B 是 A 的子集。若 B 是有限集，结论显然成立。以下只须讨论 B 是无限集的情形即可。

根据定理 1.4.1，可设 $A = \{a_1, a_2, a_3 \cdots a_n, \cdots\}$。对任意 $a_j \in B$，令

$$B_j = \{a_1, a_2, \cdots, a_j\}$$

记 $b_k = a_j$，其中 $k = |B_j \cap B|$。则有 $B_j \cap B = \{b_1, b_2, \cdots, b_k\}$。因为 B 是无限集，且 B 按上述方法排成无限序列：

$$B = \{b_1, b_2, b_3 \cdots b_n, \cdots\}$$

根据定理 1.4.1，B 是可列集。证毕。

定理 1.4.3   可列集加上或去掉有限多个元素后仍是可列集。

证明：这里只证明加上有限集的情形，去掉有限集的情形类似可证。

设 $A = \{a_1, a_2, a_3 \cdots a_n, \cdots\}$，$B = \{b_1, b_2, \cdots, b_k\}$，则有：

$$A \cup B = \{b_1, b_2, \cdots, b_k, a_1, a_2, a_3 \cdots a_n, \cdots\}$$

令 $c_1 = b_1$, $c_2 = b_2$, $\cdots$, $c_k = b_k$, $c_{k+1} = a_1$, $c_{k+2} = a_2$, $\cdots$, $c_{k+n} = a_n$, $\cdots$。则有：$A \cup B = \{c_1, c_2, \cdots, c_k, c_{k+1}, \cdots, c_{k+n}, \cdots\}$，根据定理 1.4.1，$A \cup B$ 是可列集。证毕。

定理 1.4.4   两个可列集的并集仍是可列集。

证明：设 $A = \{a_1, a_2, a_3 \cdots a_n, \cdots\}$，$B = \{b_1, b_2, b_3 \cdots b_n, \cdots\}$。考虑如下两种情形：

(1) $A \cap B = \varnothing$。此时 $A \cup B = \{a_1, b_1, a_2, b_2, \cdots, a_n, b_n, \cdots\}$。设 f 是 A 到 $\mathbf{N}^*$ 的一个一一对应，g 是 B 到 $\mathbf{N}^*$ 的一个一一对应，令

$$h(x) = \begin{cases} 2i-1 & f(x) = i, \ x \in A \\ 2j & g(x) = j, \ x \in B \end{cases}$$

则 h 是 $A \cup B$ 到 $\mathbf{N}^*$ 的一个一一对应。所以 $A \cup B \sim \mathbf{N}^*$。即 $A \cup B$ 可列。

(2) $A \cap B = \{c_1, c_2, \cdots, c_k(\cdots)\}$。此时，$A \cup B = [A \backslash (A \cap B)] \cup B$，且 $A \backslash (A \cap B)$ 或为有限集或为可列集。当 $A \backslash (A \cap B)$ 为有限集时，由定理 1.4.3，结论成立；当 $A \backslash (A \cap B)$ 为可列集时，根据上述第 (1) 种情形，结论仍成立。证毕。

推论 1.4.1 有限个不交可列集的并集仍是可列集。

定理 1.4.5 可列个不交可列集的并集仍是可列集。

证明：设 $A_1, A_2, \cdots, A_n, \cdots$ 均为可列集，且

$$A_1 = \{a_{11}, a_{12}, a_{13}, a_{14}, \cdots\}$$
$$A_2 = \{a_{21}, a_{22}, a_{23}, a_{24}, \cdots\}$$
$$A_3 = \{a_{31}, a_{32}, a_{33}, a_{34}, \cdots\}$$
$$A_4 = \{a_{41}, a_{42}, a_{43}, a_{44}, \cdots\}$$
$$\vdots$$

则并集 $A = \bigcup\limits_{n \in \mathbf{N}^*} A_n$ 可以按箭头所示顺序排成如下序列：

$$a_{11}, a_{21}, a_{12}, a_{31}, a_{22}, a_{13}, a_{41}, a_{32}, a_{23}, a_{14}, \cdots$$

而 A 中的元素 a_{ij} 在上述序列中的位置为 $k = \sum\limits_{p=0}^{i+j-2} p + j$。故 A 是可列集。证毕。

定理 1.4.6 有限个可列集的笛卡儿乘积仍是可列集。

证明：设 $A_1, A_2, \cdots, A_n$ 均为可列集，只须证明：$A_1 \times A_2 \times \cdots A_n$ 仍是可列集。

对可列集的个数 n 用数学归纳法。$n = 1$ 时，结论成立。假设 $n = k-1$ 时，结论成立。现在考虑 $n = k$ 的情形。

设 $A_1, A_2, \cdots, A_k$ 均是可列集，且 $A_k = \{a_1, a_2, \cdots, a_m, \cdots\}$。对 $m \in \mathbf{N}$，令

$$B_m = A_1 \times A_2 \times \cdots A_{k-1} \times \{a_m\}$$

因为 $B_m \sim A_1 \times A_2 \times \cdots A_{k-1}$，由归纳假设，$A_1 \times A_2 \times \cdots A_{k-1}$ 是可列集，故

B_m 是可列集。且

$$A_1 \times A_2 \times \cdots A_{k-1} \times A_k = \bigcup_{m \in \mathbf{N}^*} B_m$$

根据定理 1.4.5，$A_1 \times A_2 \times \cdots A_{k-1} \times A_k$ 是可列集。根据归纳原理，结论成立。证毕。

例 1.4.2　证明 Q 及 Q × Q 都是可列集。

证明：设 Q_+, Q_- 分别代表正有理数集和负有理数集，则 $Q = Q_+ \cup Q_- \cup \{0\}$。

显然，$\mathbf{Q}_+ = \{\frac{p}{q} | p, \ q \in \mathbf{N}^*, \ \gcd(p, q) = 1\}$。设 $T = \{(p, q) | p, \ q \in \mathbf{N}^*, \ \gcd(p, q) = 1\}$，易证，$\mathbf{Q}_+ \sim T \subseteq \mathbf{N}^* \times \mathbf{N}^*$，而 $\mathbf{N}^* \times \mathbf{N}^*$ 是可列集，且 T 是无限子集，T 可列。所以，$\mathbf{Q}_+$ 是可列集。同理可证 $\mathbf{Q}_-$ 也是可列集。根据定理 1.4.4 和 1.4.3，$\mathbf{Q}$ 是可列集。结论成立。

例 1.4.3　证明全体整系数多项式组成一个可列集。

证明：设 $\mathbf{Z}[x]$ 表示全体整系数多项式组成的集合，即

$$\mathbf{Z}[x] = \{a_n x^n + a_{n-1} x^{n-1} + \cdots + a_1 x + a_0 | n \in \mathbf{N}^*, \ a_i \in \mathbf{Z}, \ 0 \leqslant i \leqslant n\}$$

对于 $k \in \mathbf{N}$，令 $\mathbf{Z}_k[x] = \{a_k x^k + a_{k-1} x^{k-1} + \cdots + a_1 x + a_0 | a_k \neq 0, \ a_i \in \mathbf{Z}, \ 0 \leqslant i \leqslant k\}$。则有：$\mathbf{Z}[x] = \bigcup_{k \in \mathbf{N}} \mathbf{Z}_k[x]$，其中 $\mathbf{N} = \mathbf{N}^* \cup \{0\}$。易见 $\mathbf{Z}_k[x]$ 是无限集，且

$$\mathbf{Z}_k[x] \sim \{(a_k, a_{k-1}, \cdots, a_1, a_0)\} \subseteq \mathbf{Z}^{k+1}$$

根据定理 1.4.6 及定理 1.4.5，结论成立。

以上主要讨论了可列集的性质。自然要问：有没有不可列的无限集？答案是肯定的。

定理 1.4.7　集合 $(0, 1)$ 不可列。

证明：若集合 $(0, 1)$ 可列，则 $(0,1)$ 上的实数可以排列成无限序列：

$$s_1, \ s_2, \ s_3 \cdots s_n, \ \cdots$$

现将这些实数写成十进制无限小数的形式：

$$s_1 = 0.a_{11} a_{12} a_{13} \cdots$$

$$s_2 = 0.a_{21} a_{22} a_{23} \cdots$$

$$s_3 = 0.a_{31}a_{32}a_{33}\cdots$$

$$\vdots$$

$$s_n = 0.a_{n1}a_{n2}a_{n3}\cdots$$

$$\vdots$$

则对任意 $n \in \mathbf{N}^*$，令

$$b_n = \begin{cases} 1 & a_{nn} \neq 1 \\ 2 & a_{nn} = 1 \end{cases}$$

取 $b = 0.b_1b_2b_3\cdots b_n\cdots$，显然 $b \in (0,1)$，但是，对任意 $n \in \mathbf{N}^*$，都有 $b \neq s_n$。矛盾。证毕。

因为 $(0,1) \sim (-\infty, +\infty) = \mathbf{R}$，所以 $\mathbf{R}$ 也不可列。

定理 1.4.8 无限集含有可列子集。

证明：设 A 是无限集，显然 $A \neq \varnothing$。任取 $a_1 \in A$，因为 $A \setminus \{a_1\}$ 非空，任取 $a_2 \in A \setminus \{a_1\}$，任取 $a_3 \in A \setminus \{a_1, a_2\}$，$\cdots$。按照上述方法做下去，即可以得到 A 的一个可列子集

$$\{a_1, a_2, a_3, \cdots, a_n, \cdots\}$$

证毕。

推论 1.4.2 若 A 是无限集，B 是至多可列集，则 $A \cup B \sim A$。

证明：分下列两种情形证明：

(1) $A \cap B = \varnothing$。此时，设 M 是 A 的可列子集。则有

$$A = M \cup (A \setminus M), \quad A \cup B = (M \cup B) \cup (A \setminus M)$$

因为 $A \setminus M \sim A \setminus M$，$M \sim M \cup B$，且 $M \cap (A \setminus M) = \varnothing$，故 $(M \cup B) \cap (A \setminus M) = \varnothing$。根据定理 1.3.2，知：$A \cup B \sim A$，结论成立。

(2) $A \cap B \neq \varnothing$。设 $A \cap B = B_0$。则 B_0 是至多可列集，且 $A \cup B = A \cup (B \setminus B_0)$。易见 $B \setminus B_0$ 是至多可列集，且 $A \cap (B \setminus B_0) = \varnothing$。根据 (1) 的结论，$A \cup B$ 是至多可列集。证毕。

推论 1.4.3 若 A 是不可列无限集，B 是至多可列集，则 $A/B \sim A$。

证明留给读者 (与推论 1.4.2 的结论类似)。

根据上述两个推论, 不难看出, 与可列集相比, 有限集 "微不足道"；与不可列无限集相比, 可列集 "微不足道"。

定理 1.4.9　无限集含有与它等势的真子集。

证明：设 A 是无限集, $M = \{a_1, a_2, \cdots, a_n, \cdots\}$ 是 A 的可列子集。令

$$M_1 = M \setminus \{a_1\}$$
$$A_1 = M_1 \cup (A \setminus M)$$

又 $M_1 \sim M$, $A \setminus M \sim A \setminus M$, 故 $A \sim A_1$。证毕。

定义 1.4.2　若一个集合 A 含有与它本身等势的真子集, 则称 A **为无限集**。

为简便起见, 把可列集的基数记为 $\aleph_0$, R 的基数记为 $\aleph$。

定义 1.4.3　设 $|A| = \alpha$, $|B| = \beta$, 若 $A \sim B_1 \subseteq B$, 则称 α**不大于**β, 记作 $\alpha \leqslant \beta$。若 $A \sim B_1 \subseteq B$, 且 A 与 B 不等势, 则称 α**小于**β, 记作 $\alpha < \beta$。

根据前面的讨论, 知道 $\aleph_0$ 是最小的无限基数, 那么有没有最大的无限基数呢? 下面的定理表明没有最大的基数。

定理 1.4.10　对于任意集合 A, 有 $|\rho(A)| > |A|$。

证明：若集合 $A = \varnothing$, 结论显然成立。下面假设 $A \neq \varnothing$。

首先证明 $|A| \leqslant |\rho(A)|$。对任意 $a \in A$, 令 a 对应于 $\{a\}$, 显然 A 对应于 $\rho(A)$ 的一个子集 $T = \{\{a\} | a \in A\}$。根据定义 1.4.3, 有 $|A| \leqslant |\rho(A)|$。

下面证明 A 与 $\rho(A)$ 不等势。否则, 设 ψ 是集合 A 到幂集 $\rho(A)$ 的一个一一对应。对任意 $m \in A$, 都有唯一的 $\varphi(m) \subseteq A$。当 $m \in \varphi(m)$ 时, 称 m 是 A 中的好元素, 否则称 m 为坏元素, 例如, 使 $\varphi(m_1) = A$ 的元素 m_1 就是好元素, 而使 $\varphi(m_2) = \varnothing$ 的元素 m_2 就是坏元素。设 S 是 A 中所有坏元素组成的集合, 即

$$S = \{m | m \in A, \ m \notin \varphi(m)\}$$

因为 $S \neq \varnothing$, 故存在 $m_0 \in A$, 使 $\varphi(m_0) = S$。

若 m_0 是好元素, 则 $m_0 \in \varphi(m_0)$, 即 $m_0 \in S$, 这与 S 仅由坏元素组成矛盾。若 m_0 是坏元素, 则 $m_0 \notin S$, 这与 S 包含所有的坏元素矛盾。m_0 既不是好元素, 也不是坏元素。这是不可能的。

即 A 与 $\rho(A)$ 不等势。故 $|A| < |\rho(A)|$。证毕。

例 1.4.4 设 I 是全体无理数组成的集合，证明 I 是不可列集。

证明：根据推论 1.4.2，有：$I \cup Q \sim I$。即 $R \sim I$。所以，I 是不可列集。

1.5 习 题 一

1. 判断下列命题是否正确，并说明理由。

(1) $\varnothing \in \{\varnothing, \{\varnothing\}\}$；

(2) $\varnothing \subseteq \{\varnothing, \{\varnothing\}\}$；

(3) 若 $A \cup B = A \cup C$，则 $B = C$；

(4) 若 $A \cap B = A \cap C$，则 $B = C$。

2. 对任意三个集合 A, B, C，若 $A \cup B = A \cup C$，且 $A \cap B = A \cap C$，则有 $B = C$。

3. 试构造两个集合 A, B，使 $A \in B$，且 $A \subseteq B$。

4. 证明下列等式成立。

(1) $(A \setminus B) \cap B = \varnothing$；

(2) 若 $A \cap B = \varnothing$，则 $A \subseteq \overline{B}$；

(3) 若 $A \cap B = \varnothing$，则 $A \setminus B = A$；

(4) 若 $A \cap B = \varnothing$，且 $C = A \cup B$，则 $A = C \setminus B$；

(5) $(A \setminus B) \setminus C = A \setminus (B \cup C)$；

5. 集合之间"对称差"($\oplus$) 运算如前所述，证明：

(1) $A \oplus B = B \oplus A$；

(2) $(A \oplus B) \oplus C = A \oplus (B \oplus C)$；

(3) $A \oplus A = \varnothing$；

(4) $A \oplus \varnothing = A$；

(5) 若 $A \oplus B = A \oplus C$，则有 $B = C$。

6. 设 "$\oplus$" 表示集合之间的对称差运算，A, B, C 是三个集合，

(1) 证明：$A \cap (B \oplus C) = (A \cap B) \oplus (A \cap C)$；

(2) 举例说明：$A \cup (B \oplus C) \neq (A \oplus B) \cup (A \oplus C)$。

7. 找出下列等式成立的充要条件，并证明你的结论。

(1) $(A \setminus B) \cup (A \setminus C) = A$；

(2) $(A \setminus B) \cup (A \setminus C) = \varnothing$;

(3) $(A \setminus B) \cap (A \setminus C) = \varnothing$;

(4) $A \setminus B = B$;

(5) $A \setminus B = B \setminus A$;

(6) $A \cup B = A \cap B$。

8. 对任意三个集合 A, B, C, 有 $(A \cap B) \cup C = A \cap (B \cup C)$, 当且仅当 $C \subseteq A$.

9. 证明:

(1) 若 $A \times A = B \times B$, 则 $A = B$;

(2) 若 $A \times B = A \times C$, 且 $A \neq \varnothing$, 则有 $B = C$;

(3) 对任意四个非空集合 A, B, C, D, 若 $A \times B = C \times D$, 则有 $A = C$, 且 $B = D$。

10. 设 A 是所有半径为 1, 圆心是 x 轴整数点的圆周的集合, B 是所有以原点为圆心, 半径小于 1 的圆周的集合, 问 A, B 是否是可列集? 为什么?

11. 构造集合 $[0,1]$ 到 $(0,1)$ 之间的一个一一对应。

12. 对任意四个集合 A, B, C, D, 若 $A \sim C$, 且 $B \sim D$, 则有 $A \times B \sim C \times D$。

第二章　关　　系

第一章主要讨论了集合的运算及无限集的性质。在这一章中，将研究集合内或集合之间、元素之间的某些性质，就是关系。映射是一种特殊的关系，它们在数据结构、数据库、情报检索、算法分析等领域中都有着广泛的应用。本章主要研究二元关系。

2.1　关系和映射

通常地，关系是指某个集合上或两个集合之间的元素之间的关系。先来看一个例子。

例 2.1.1　甲、乙、丙三个人进行乒乓球比赛，如果任何两个人之间都要赛一场，那么共要赛三场。假设三场比赛的结果是乙胜甲、甲胜丙、乙胜丙，这个结果可以记作 {(乙, 甲), (甲, 丙), (乙, 丙)}，其中 (x, y) 表示 x 胜 y。它表示了集合甲, 乙, 丙 中元素之间的一种胜负关系。

定义 2.1.1　对任意两个集合 X,Y，若 $R \subseteq X \times Y$，则称 R 是 X 到 Y 的一个**二元关系**。若 $(x,y) \in R$，则称 x, y 满足关系 R，记作 xRy。并且称 x 是 y 的**前件**，y 是 x 的**后件**。特别的，若 $X = Y$，则称 R 是 X 上的二元关系。

类似的，读者可以给出 n 元关系的定义。接下来介绍几种特殊关系。

1. 若 $R = \varnothing$，则称 R 为**空关系**。
2. 若 $R = X \times Y$，则称 R 为 X 到 Y 的**全关系**。
3. 若 $R = I_X \triangleq \{(x,x) | x \in X\}$，则称 R 为 X 上的**恒等关系**。

定义 2.1.2　若 $R \subseteq X \times Y$，则称 $\mathrm{dom}(R) = \{x | x \in X, 存在 y \in Y, 使 (x,y) \in R\}$ 是关系 R 的**定义域**，$\mathrm{ran}(R) = \{y | y \in Y, 存在 x \in X, 使 (x,y) \in R\}$ 是 R 的**值域**。

不难看出，关系 R 的定义域是 X 那些有后件的元素构成的集合，是 X 的一个子集；关系 R 的值域是 Y 那些有前件的元素构成的集合，是 Y 的一个子集。

例 2.1.2　设关系 $A=\{2, 3, 4, 5\}$，$B=\{1, 4, 5\}$，定义 A 到 B 的一个二元关系 $R:(a, b)\in R$，当且仅当 $a\leqslant b$。求 R 的表达式。

解：根据题意，得：$R=\{(2, 4), (2, 5), (3, 4), (3, 5), (4, 4), (4, 5), (5, 5)\}$。

思考：当 $|A|=m$，$|B|=n$ 时，从 A 到 B 最多可以定义多少个二元关系？最多可以定义多少个集合 A 上的二元关系？

下面考虑关系的几种表示方法。

1. 集合表达式

关系作为一种特殊的集合，当然可以用集合的表达方法，例 2.1.2 中就是用的这种方法。

2. 关系矩阵法

若集合 $A=\{a_1, a_2, \cdots, a_m\}$，$B=\{b_1, b_2, \cdots, b_n\}$，$R$ 是 A 到 B 的一个二元关系，令 $M_R=(r_{ij})_{m\times n}$，其中 $r_{ij}=\begin{cases}1 & a_iRb_j \\ 0 & a_i\overline{R}b_j\end{cases}$，则 M_R 称为 R 的**关系矩阵**。利用关系矩阵表示一个关系的方法称为关系矩阵法。

3. 关系图法

若 $R\subseteq X\times Y$，规定 $X\cup Y$ 中的元素与有向图中的结点一一对应。$(x, y)\in R$，当且仅当有一条 x 对应结点到 y 对应结点的有向弧。此有向图称为关系 R 的**关系图**。利用关系图表示一个关系的方法称为关系图法。

例 2.1.3　设 $A=\{1, 2, 3, 4, 5\}$，定义 A 上的关系 $R:(a, b)\in R$，当且仅当 $\dfrac{a-b}{3}\in \mathbf{Z}$。求 R 的关系矩阵。

解：根据题意，得：

$$M_R=\begin{pmatrix}1 & 0 & 0 & 1 & 0 \\ 0 & 1 & 0 & 0 & 1 \\ 0 & 0 & 1 & 0 & 0 \\ 1 & 0 & 0 & 1 & 0 \\ 0 & 1 & 0 & 0 & 1\end{pmatrix}$$

例 2.1.4　画出例 2.1.2 中关系 R 的关系图。

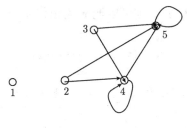

图 2-1

解：根据题意，R 的关系图如图 2-1 所示：

思考: 空关系、全关系及恒等关系的关系矩阵和关系图各有什么特点？

定义 2.1.3　若 $\varphi \subseteq X \times Y$，且满足下列性质：

(1) $\mathrm{dom}(\varphi) = X$；

(2) 若 $(x, y_1) \in \varphi$，$(x, y_2) \in \varphi$，则有 $y_1 = y_2$。

则称 R 是 X 到 Y 的一个**映射**，记作 $\varphi : X \longrightarrow Y$。

集合 X 中元素 x 关于映射 $\varphi : X \longrightarrow Y$ 的后件记为 $\varphi(x)$。用 $Y^X \triangleq \{\varphi | \varphi : X \longrightarrow Y\}$ 表示 X 到 Y 的所有映射的集合。

定义 2.1.4　若 φ 是集合 X 到 Y 的映射，且当 $x_1, x_2 \in X$，$x_1 \neq x_2$ 时，有 $\varphi(x_1) \neq \varphi(x_2)$，则称 φ 是集合 X 到 Y 的**单射**。若 φ 是集合 X 到 Y 的映射，且 $\mathrm{ran}(\varphi) = Y$，则称 φ 是集合 X 到 Y 的**满射**；若 φ 是集合 X 到 Y 的映射，且 φ 既是单射，又是满射，则称 φ 是集合 X 到 Y 的**双射**。

注　这里的双射就是第一章第三节的一一对应。

例 2.1.5　判断例 2.1.2 和例 2.1.3 中的关系是不是映射，并说明理由。

思考: 两个不交集合之间的双射的关系矩阵和关系图各有什么特点？

定义 2.1.5　集合 X 上的双射称为 X 上的**变换**，有限集上的变换又称为**置换**。

定义 2.1.6　若 $A = \{a_1, a_2, \cdots, a_n\}$ 是有限集，φ 是 A 上一个置换，且 $\varphi(a_{i_1}) = a_{i_2}$，$\varphi(a_{i_2}) = a_{i_3}$，$\cdots$，$\varphi(a_{i_{n-1}}) = a_{i_n}$，$\varphi(a_{i_n}) = a_{i_1}$，则称 φ 是 A 上的一**个循环**，记作 $(i_1, i_2, \cdots, i_n)$。

显然，循环是一种特殊的置换。

思考: 有限集上的循环的关系矩阵和关系图各有什么特点？

若集合 $A = \{a_1, a_2, \cdots, a_n\}$，$\pi$ 是 A 上的一个循环，使 a_{i_1} 对应于 a_{i_2}，a_{i_2}

对应于 a_{i_3}，$\cdots$，a_{i_k} 对应于 a_{i_1}，则可以把 π 简记作

$$\pi = (a_{i_1}, a_{i_2}, \cdots, a_{i_k})$$

例 2.1.6　设集合 $A = \{1, 2, 3, 4, 5\}$，A 上的两个循环如下：

$$\pi_1 = (1, 4, 5) = \begin{pmatrix} 1 & 2 & 3 & 4 & 5 \\ 4 & 2 & 3 & 5 & 1 \end{pmatrix}$$

$$\pi_2 = (2, 3, 4) = \begin{pmatrix} 1 & 2 & 3 & 4 & 5 \\ 1 & 3 & 4 & 2 & 5 \end{pmatrix}$$

2.2　关系的运算

作为一种特殊的集合，关系之间的运算有哪些新的特点？除了普通的并、交、补运算，是否有新的运算呢？

定义 2.2.1　若 $R_1 \subseteq X \times Y$，$R_2 \subseteq X \times Y$，则 $R_1 \cup R_2$、$R_1 \cap R_2$、$R_1 - R_2$ 分别称为关系 R_1 与 R_2 的**和**、**交**、**差**。

定义 2.2.2　若 $R \subseteq X \times Y$，则 $R^{-1} \triangleq \{(y,x)|(x, y) \in R\}$ 称为 R 的**逆关系**。

由定义，知 $M_{R^{-1}} = M_R^T$，改变 R 的关系图 D_R 的每条弧的方向，就得到关系 R^{-1} 的关系图 $D_{R^{-1}}$。

例 2.2.1　实数集 **R** 上的"小于"关系的逆关系是"大于"关系，而整数集 **Z** 上的模 n 同余关系的逆关系仍是它本身。

注　若 R_1, R_2 是 X 到 Y 的两个关系，则有：

(1) $(R_i^{-1})^{-1} = R_i$，$i = 1,2$；

(2) $(R_1 \cup R_2)^{-1} = R_1^{-1} \cup R_2^{-1}$；

(3) $(R_1 \cap R_2)^{-1} = R_1^{-1} \cap R_2^{-1}$

(4) $(R_1/R_2)^{-1} = R_1^{-1}/R_2^{-1}$；

(5) 若 $R_1 \subseteq R_2$，则 $R_1^{-1} \subseteq R_2^{-1}$。

定义 2.2.3　若 $R_1 \subseteq A \times B$，$R_2 \subseteq B \times C$，则 $R_1 \circ R_2 \triangleq \{(a, c)|a \in A, c \in C$，存在 $b \in B$，使 $(a, b) \in R_1$，$(b, c) \in R_2\}$ 称为 R_1 与 R_2 的**复合关系**。

以后，在不引起歧义时，表示复合运算的 $\circ$ 可以省略不写。

显然, 有 $R_1 \circ R_2$ 是非空关系, 当且仅当 $\mathrm{ran}(R_1) \cap \mathrm{dom}(R_2) \neq \varnothing$。不难看出, 若 $R \subseteq X \times Y$, 则有 $I_X \circ R = R = R \circ I_Y$。

若 M_{R_1}, M_{R_2} 分别是关系 R_1, R_2 的关系矩阵, 则有 $M_{R_1 \circ R_2} = M_{R_1} M_{R_2}$, 其中这里的 "+" 是指逻辑加法, 即 $1 + 1 = 1$, $1 + 0 = 0 + 1 = 1$, $0 + 0 = 0$。

思考: 复合关系 $R_1 \circ R_2$ 的关系图是怎样得到的?

例 2.2.2 若集合 $X = Y = Z = \{1, 2, 3, 4, 5\}$, 且 $R = \{(1, 2), (4, 1), (2, 3)\}$, $S = \{(4, 3), (2, 5), (2, 3), (1, 3)\}$, 求 $R \circ S$ 及 $S \circ R$。

解: 根据题意, 可得:

$R \circ S = \{(1, 5), (1, 3), (4, 3)\}$, $S \circ R = \varnothing$

由例 2.2.2 不难看出, 两个关系的复合运算一般不满足交换律。

定理 2.2.1 若关系 $R_1 \subseteq A \times B$, $R_2 \subseteq B \times C$, 且 $R_3 \subseteq C \times D$, 则有 $(R_1 \circ R_2) \circ R_3 = R_1 \circ (R_2 \circ R_3)$。

证明: 对任意 $(a, d) \in (R_1 \circ R_2) \circ R_3$, 当且仅当存在 $c \in C$, 使 $(a, c) \in R_1 \circ R_2$, $(c, d) \in R_3$。

当且仅当存在 $c \in C$, $b \in B$, 使 $(a, b) \in R_1$, $(b, c) \in R_2$, $(c, d) \in R_3$, 当且仅当存在 $b \in B$, 使 $(a, b) \in R_1$, $(b, d) \in R_2 \circ R_3$。

当且仅当 $(a, d) \in R_1 \circ (R_2 \circ R_3)$。证毕。

注 若 R_1, R_2, R_3 是三个关系, 则有:

(1) $(R_1 \circ R_2)^{-1} = R_2^{-1} \circ R_1^{-1}$;

(2) $R_1 \circ (R_2 \cup R_3) = (R_1 \circ R_2) \cup (R_1 \circ R_3)$;

(3) $(R_2 \cup R_3) \circ R_1 = (R_2 \circ R_1) \cup (R_3 \circ R_1)$;

(4) $R_1 \circ (R_2 \cap R_3) \subseteq (R_1 \circ R_2) \cap (R_1 \circ R_3)$;

(5) $(R_2 \cap R_3) \circ R_1 \subseteq (R_2 \circ R_1) \cap (R_3 \circ R_1)$。

定理 2.2.2 若 φ_1 是集合 X 到 Y 的映射, φ_2 是集合 Y 到 Z 的映射, 则 $\varphi_1 \circ \varphi_2$ 是集合 X 到 Z 的映射。

证明: 根据定义, 有 $\varphi_1 \circ \varphi_2 = \{(x, z) | 存在 y \in Y, 使 (x, y) \in \varphi_1, (y, z) \in \varphi_2\}$。

因为 $\mathrm{dom}(\varphi_1) = X$, $\mathrm{dom}(\varphi_2) = Y$, 故对任意 $x \in X$, 有 $(x, \varphi_1(x)) \in \varphi_1$, 且 $(\varphi_1(x), \varphi_2(\varphi_1(x))) \in \varphi_2$, 从而有 $(x, \varphi_2(\varphi_1(x))) \in \varphi_1 \circ \varphi_2$, 即 $\mathrm{dom}(\varphi_1 \circ \varphi_2) = X$。

若 $(x, z) \in \varphi_1 \circ \varphi_2$, 则存在 $y \in Y$, 使 $(x, y) \in \varphi_1$, $(y, z) \in \varphi_2$。因为 x 关于 φ_1 及 y 关于 φ_2 都仅有一个后件, 故 $y = \varphi_1(x)$, $z = \varphi_2(y)$, 即 $z = \varphi_2(\varphi_1(x))$。从

而，$x \in X$ 时，$\varphi_2(\varphi_1(x))$ 是 x 关于 $\varphi_1 \circ \varphi_2$ 的唯一一个后件。即 $\varphi_1 \circ \varphi_2$ 是 X 到 Z 的映射。证毕。

推论 2.2.1　若 φ_1 是集合 X 到 Y 的双射，φ_2 是集合 Y 到 Z 的双射，则 $\varphi_1 \circ \varphi_2$ 是集合 X 到 Z 的双射。

注　一个映射的逆关系未必是一个映射。

思考：设 φ 是一个不交集合 A 到 B 的映射，φ 的逆关系不是映射，则 φ 的关系矩阵有何特点？

根据双射及逆关系的定义容易得到如下定理。

定理 2.2.3　若 φ 是 A 到 B 的双射，则 $\varphi \circ \varphi^{-1} = I_A$，$\varphi^{-1} \circ \varphi = I_B$。

定义 2.2.4　若 R 是集合 X 上的关系，则 R 的 $n(\geqslant 0)$ 次幂 R^n 的递归定义如下：

$$R^0 = I_X$$

$$R^n = R^{n-1} \circ R, \quad n > 0$$

定理 2.2.4　设 R 是集合 X 上的关系，$n \in \mathbf{N}^*$，则 $(x, y) \in R^n$，当且仅当 X 中存在 $n+1$ 元序列 $x_0, x_1, \cdots, x_n$，使 $x = x_0$，$x_n = y$，且 $0 \leqslant i < n$ 时，$(x_i, x_{i+1}) \in R$。

证明：对 n 用数学归纳法。

$n = 1$ 时，结论显然成立。

假设 $n = k$ 时结论成立，下面证明 $n = k + 1$ 时结论也成立。

根据复合关系的定义，$(x, y) \in R^{k+1}$，当且仅当存在 $z \in X$，使 $(x, z) \in R^k$，$(z, y) \in R$。

根据归纳假设，$(x, z) \in R^k$，当且仅当 X 中存在序列 $x = x_0, x_1, \cdots, x_k = z$，使 $(x_i, x_{i+1}) \in R$，其中 $i = 0, 1, \cdots, k-1$。故 $(x, y) \in R^{k+1}$，当且仅当 X 存在序列 $x = x_0, x_1, \cdots, x_k, x_{k+1} = y$，使 $(x_i, x_{i+1}) \in R$，$i = 0, 1, \cdots, k$。

根据归纳原理，结论成立。证毕。

推论 2.2.2　设 R 是 n 元有限集 X 上的关系，则当 $(x, y) \in R^m$，且 $m > n$ 时，存在 $k \in \mathbf{N}^*$ 使得 $k \leqslant n$，且 $(x, y) \in R^k$。

该推论的证明留给读者。

这里规定，对任意 $n \in \mathbf{N}^*$，$R^{-n} = (R^{-1})^n$。则下面的推论是显然的。

推论 2.2.3 设 R_1, R_2 都是集合 X 上的关系, 且 $R_1 \subseteq R_2$, 则对任意 $k \in \mathbf{Z}$, 有 $R_1^k \subseteq R_2^k$。

思考: 对于集合 A 上的任意两个关系 R_1, R_2 及任意正整数 k, 是否有 $(R_1 \cap R_2)^k = R_1^k \cap R_2^k$? 为什么?

例 2.2.3 设 A 是 n 元集, R 是 A 上的关系, 则存在 $s, t \in \mathbf{N}^*$, 使 $R^s = R^t$。

证明: 对任意 $k \in \mathbf{N}^*$, $R^k \subseteq A \times A$。因为 $|A \times A| = n^2$, 故 $|\rho(A \times A)| = 2^{n^2}$。所以, 在如下序列 $I_A = R^0, R, R^2, \cdots, R^{2^{n^2}}$ 中, 必有 $s, t \in \mathbf{N}^*$, 使 $R^s = R^t$。结论得证。

2.3 具有某些特殊性质的关系

这一节讨论集合 X 上的关系的一些性质。

定义 2.3.1 设 R 是集合 X 上的一个关系。

(1) 对任意 $x \in X$, 都有 $(x, x) \in R$, 则称 R 是集合 X 上的**自反关系**;

(2) 若 $(x, y) \in R$, 则有 $(y, x) \in R$, 则称 R 是集合 X 上的**对称关系**;

(3) 若 $(x, y) \in R$, 且 $(y, z) \in R$, 总有 $(x, z) \in R$, 则称 R 是 X 上的**传递关系**;

(4) 对任意 $x \in X$, 都有 $(x, x) \notin R$, 则称 R 是集合 X 上的**反自反关系**;

(5) 若 $(x, y) \in R$, 且 $(y, x) \in R$, 则有 $x = y$, 此时称 R 是集合 X 上的**反对称关系**。

例 2.3.1 实数集 $\mathbf{R}$ 上的 "=" 关系是自反的, 对称的, 也是传递的;

自然数集 $\mathbf{N}$ 上的整除关系是自反的, 反对称的, 传递的;

整数集 $\mathbf{Z}$ 的关系 $R = \{(x, y) | x + y = 2\}$ 不是自反的, 也不是反自反的; 是对称的, 不是反对称的; 也不是传递的。

注 设 R 是集合 X 上的一个关系。

(1) R 是集合 X 上的自反关系, 当且仅当 $I_X \subseteq R$;

(2) R 是集合 X 上的对称关系, 当且仅当 $R^{-1} = R$;

(3) R 是集合 X 上的传递关系, 当且仅当 $R^2 \subseteq R$;

(4) R 是集合 X 上的反自反关系, 当且仅当 $R \cap I_X = \varnothing$;

(5) R 是集合 X 上的反对称关系, 当且仅当 $R \cap R^{-1} \subseteq I_X$。

思考: 具有这些性质的关系的关系矩阵和关系图分别有什么特点?

任意给定集合 X 上的一个关系 R, 当它不是传递关系时, 能否加上某些元素, 使它具有传递性? 当然对自反性、对称性也有类似的问题。

定义 2.3.2　设 R 是集合 X 上的一个关系, 则 X 上包含 R 的最小的传递关系称为 R 的**传递闭包**。

等价的, 若 X 上的关系 T 具有下列性质:

(1) $T \supseteq R$;

(2) T 是传递关系;

(3) 若 $T_1 \supseteq R$, 且 T_1 是传递关系, 则有 $T_1 \supseteq T$。

此时称 T 是关系 R 上的传递闭包。

类似的, 包含关系 R 的最小自反关系称为 R 的**自反闭包**, 包含 R 的最小的对称关系称为 R 的**对称闭包**。以后关系 R 的自反闭包、对称闭包和传递闭包分别记为 $r(R)$, $s(R)$ 和 $t(R)$。

定理 2.3.1　若 R 是集合 X 上的关系, 则 $t(R) = \bigcup\limits_{n \in \mathbf{N}^*} R^n$。

证明: 令 $T = \bigcup\limits_{n \in \mathbf{N}^*} R^n$。显然, 有 $R \subseteq T$, 只须证明 T 是包含 R 的最小传递关系即可。

若 $(x, y) \in T$, $(y, z) \in T$, 则存在 $n_1, n_2 \in \mathbf{N}^*$, 使 $(x, y) \in R^{n_1}$, $(y, z) \in R^{n_2}$, 即 $(x, z) \in R^{n_1} \circ R^{n_2} = R^{n_1 + n_2} \subseteq T$。故 T 是集合 X 上的传递关系;

若 $R \subseteq T_1$, 且 T_1 是传递关系, 根据推论 2.2.3, 对任意 $n \in \mathbf{N}^*$, 有: $R^n \subseteq T_1^n \subseteq T_1$, 即 $T = \bigcup\limits_{n \in \mathbf{N}^*} R^n \subseteq T_1$。证毕。

推论 2.3.1　设 R 是 n 元有限集 X 上的关系, 则有 $t(R) = \bigcup\limits_{m=1}^{n} R^m$。

类似的有: $r(R) = R \cup I_X$, $s(R) = R \cup R^{-1}$。

证明留给读者。

根据关系闭包的定义, 下面的注记是显然的。

注　设 R 是集合 X 上的一个关系。

(1) 若 R 是自反的, 当且仅当 $r(R) = R$;

(2) 若 R 是对称的, 当且仅当 $s(R) = R$;

(3) 若 R 是传递的, 当且仅当 $t(R) = R$。

例 2.3.2　设 R_1, R_2 都是集合 X 上的对称关系, 证明: $R_1 \circ R_2$ 是对称关系,

当且仅当 $R_1 \circ R_2 = R_2 \circ R_1$。

证明: 根据已知条件, 有:$R_1 \circ R_2$ 是对称关系, 当且仅当 $R_1 \circ R_2 = (R_1 \circ R_2)^{-1}$, 当且仅当 $R_1 \circ R_2 = R_2^{-1} \circ R_1^{-1} = R_2 \circ R_1$, 结论成立。

注 设 R 是集合 X 上的一个关系。

(1) 若 R 是自反的, 则 $s(R), t(R)$ 都是自反的;

(2) 若 R 是对称的, 则 $r(R), t(R)$ 都是对称的;

(3) 若 R 是传递的, 则 $r(R)$ 是传递的, 而 $s(R)$ 未必是传递的。

2.4 等 价 关 系

定义 2.4.1 集合 X 上的自反、对称且传递的关系称为 X 上的**等价关系**。若 R 是 X 上的一个等价关系, $(x, y) \in R$, 则称 x 与 y **等价**, 记作 xRy, 或 $x \sim_R y$。

实际生活中有很多常见的等价关系, 比如, 人的血型相同关系, 人的星座相同关系, 同龄关系等都是等价关系, 但认识关系、朋友关系都不是等价关系。想一想, 为什么?

例 2.4.1 自然数集 $\mathbf{N}$ 上的同余关系 R, 即 aRb, 当且仅当 $a \equiv b \pmod{n}$, 是等价关系 (今后此关系称为**模 n 同余关系**); 同阶矩阵之间的相抵关系也是一种等价关系。

注 若 R_1, R_2 都是集合 X 上的等价关系, 则 $R_1 \cap R_2$ 仍是等价关系, 而 $R_1 \cup R_2$ 未必是等价关系。

例 2.4.2 若 R 是集合 X 上的一个关系, 且集合 $S = \{(a, b) |$ 存在c, 使$(a, c) \in R, (c, b) \in R\}$。证明: 若 R 是等价关系, 则 S 也是等价关系。

该例题的证明留作练习。

定义 2.4.2 若 R 是集合 X 上一个等价关系, $x \in X$, 则 X 中所有与 x 等价的元素组成的集合称为 x 所在的**等价类**, 记作 $[x]_R$, 有时简记作 $[x]$, x 称为等价类 $[x]_R$ 的**代表元**。即

$$[x]_R = \{y | y \in X, xRy\}$$

例 2.4.3 设 $n \in \mathbf{N}^*$, R 是整数集 $\mathbf{Z}$ 上的模 n 同余关系, 试写出 $\mathbf{Z}$ 关于关系 R 的所有等价类。

解: 令 $[k]_R = \{m|m \in \mathbf{Z},\, m \equiv k(\mathrm{mod}\ n)\}$,其中 $k = 0, 1, \cdots, n-1$。则 $\{[0]_R, [1]_R, \cdots, [n-1]_R\}$ 是 $\mathbf{Z}$ 关于关系 R 的所有等价类。

定理 2.4.1　若 R 是集合 X 上的一个等价关系,$x, y \in X$。则有:

(1) $(x, y) \in R$ 时,$[x]_R = [y]_R$;

(2) $(x, y) \notin R$ 时,$[x]_R \cap [y]_R = \varnothing$;

(3) $X = \bigcup\limits_{x \in X} [x]_R$。

证明: (1) 对任意 $z \in [x]_R$,则 $(x, z) \in R$,由 R 的对称性,$(z, x) \in R$。因为 $(x, y) \in R$ 及 R 是传递的,$(z, y) \in R$。又根据 R 的对称性,$z \in [y]_R$。故 $[x]_R \subseteq [y]_R$。同理可证 $[y]_R \subseteq [x]_R$。即 $[x]_R = [y]_R$。

(2) 若 $[x]_R \cap [y]_R \neq \varnothing$,则存在元素 $z \in [x]_R \cap [y]_R$。即 $z \in [x]_R$,且 $z \in [y]_R$。则有 $(x, z) \in R$,$(z, y) \in R$,根据 R 的传递性,有:$(x, y) \in R$。矛盾。故结论成立。

(3) 显然,$\bigcup\limits_{x \in X} [x]_R \subseteq X$。对任意 $x \in X$,由 R 的自反性,有 $x \in [x]_R$,即 $X \subseteq \bigcup\limits_{x \in X} [x]_R$。故结论成立。证毕。

定义 2.4.3　若 R 是集合 X 上一个等价关系,则 X 关于 R 所有等价类组成的集合称为 X 关于 R 的**商集**,记作 X/R。即

$$X/R = \{[x]_R | x \in X\}$$

以后,除特别说明外,我们总用 R_m 表示整数集 $\mathbf{Z}$ 上的模 m 同余关系,$\mathbf{Z}$ 关于 R_m 的商集记作 $\mathbf{Z}/R_m \triangleq \mathbf{Z}_m$。

例 2.4.4　设 $A = \{1, 2, 3, 4\}$,在 $\rho(A)$ 上定义关系 $R = \{(S, T)|S, T \in \rho(A),\, \text{且}|S| = |T|\}$。证明 R 是 $\rho(A)$ 上的等价关系,并求商集 $\rho(A)/R$。

证明: 集合之间的等势关系是一种等价关系,故 R 是 $\rho(A)$ 上的等价关系。易得

$$\rho(A)/R = \{[\varnothing]_R, [\{1\}]_R, [\{1, 2\}]_R, [\{1, 2, 3\}]_R, [\{1, 2, 3, 4\}]_R\}。$$

定义 2.4.4　若 B 为下标集的集合 X 的非空子集族

$$\pi = \{A_\beta | \beta \in B,\, A_\beta \neq \varnothing,\, A_\beta \subseteq X\}$$

满足下列性质:

(1) 当 $\beta, \beta' \in B$ 时,$A_\beta = A_{\beta'}$,或 $A_\beta \cap A_{\beta'} = \varnothing$;

(2) $\bigcup\limits_{\beta \in B} A_\beta = X$;

则称 π 是集合 X 的**划分**, A_β 称为该划分中的**块**。

根据定理 2.4.1, 下列推论是显然的。

推论 2.4.1　若 R 是集合 X 上一个等价关系, 则 X 关于 R 的商集是集合 X 的一种划分。

例 2.4.5　若 R 是集合 X 上一个等价关系, 且 $|X| = n$, $|R| = r$, $|X/R| = t$, 证明:$rt \geqslant n^2$。

证明: 设 $X/R = \{A_1, A_2, \cdots, A_t\}$, 且 $|A_i| = n_i$, $i = 1, 2, \ldots, t$。下面我们证明:$\bigcup\limits_{i=1}^{t}(A_i \times A_i) = R$。

对任意 $(x, y) \in X \times X$, 有 $(x, y) \in \bigcup\limits_{i=1}^{t}(A_i \times A_i)$, 当且仅当存在 $i \in \{1, 2, \ldots, t\}$, 使 $(x, y) \in A_i \times A_i$, 当且仅当存在 $i \in \{1, 2, \ldots, t\}$, 使 $x, y \in A_i$, 当且仅当 $(x, y) \in R$。故 $R = \bigcup\limits_{i=1}^{t}(A_i \times A_i)$。

根据定理 2.4.1, 有 $\sum\limits_{i=1}^{t} n_i = n$, 根据上面讨论, 有 $\sum\limits_{i=1}^{t} n_i^2 = r$。用数学归纳法可以证明, 对任意非负数 $n_i(i = 1, 2, \cdots, t)$, 有 $\left(\sum\limits_{i=1}^{t} n_i\right)^2 \leqslant t \sum\limits_{i=1}^{t} n_i^2$, 即 $r = \sum\limits_{i=1}^{t} n_i^2 \geqslant \dfrac{\left(\sum\limits_{i=1}^{t} n_i\right)^2}{t} = \dfrac{n^2}{t}$, 结论得证。

注　对任意集合 X, X 上的等价关系与集合 X 的划分是一一对应的。

例 2.4.6　设 $A = \{1, 2, 3, 4, 5\}$, 问集合 A 最多可以定义多少个等价关系?

解: 根据注记, 只须考察集合 A 的不同划分的种类数即可。

我们分以下情形来讨论集合 A 的划分种类。

情形 1: A 划分为 5 块, 即每块只有 1 个元素。这样的分法共有 1 种;

情形 2: A 划分为 4 块, 即一块有 2 个元素, 其余 3 块每块只有 1 个元素。这样的分法共有 $\dbinom{5}{2} = 10$ 种;

情形 3: A 划分为 3 块。这种情形下, 分为两种子情形:

子情形 3.1: 其中 1 块有 1 个元素, 另外两块各有 2 个元素。这样的分法

有 $\dfrac{1}{2}\dbinom{5}{1}\dbinom{4}{2} = 15$ 种,

子情形 3.2: 其中 1 块有 3 个元素, 另外两块各有 1 个元素。这样的分法有 $\dbinom{5}{3} = 10$ 种;

情形 4: A 划分为 2 块。这种情形下, 分为两种子情形:

子情形 4.1: 其中 1 块有 3 个元素, 另外一块有 2 个元素。这样的分法有 $\dbinom{5}{3} = 10$(种),

子情形 4.2: 其中 1 块有 4 个元素, 另外一块有 1 个元素。这样的分法有 $\dbinom{5}{4} = 5$(种);

情形 5: A 划分为 1 块。这样的分法共有 1 种。

故集合 A 的不同划分分法, 即集合 A 上最多可以定义等价关系的种数为 $1 + 10 + 15 + 10 + 10 + 5 + 1 = 52$。

2.5 偏序关系

定义 2.5.1 集合 X 上的自反、反对称且传递的关系 R 称为 X 上的**偏序关系**, 记作 $\preceq$。若 $(x, y) \in R$, 则记为 $x \preceq y$。

偏序 $\preceq$ 的逆关系也是一种偏序, 记作 $\succeq$。实数集 $\mathbf{R}$ 上"小等于"($\leqslant$) 关系是一种常见的偏序关系。

例 2.5.1 自然数集 $\mathbf{N}$ 上的整除关系 R, 即 aRb, 当且仅当存在 $k \in \mathbf{N}$, 使 $b = ak$, 是偏序关系; 集合 X 的幂集 $\rho(X)$ 上的"集合包含"($\subseteq$) 关系也是一种偏序关系。

定义 2.5.2 若 $\preceq$ 为集合 X 上的一个偏序关系, 则称二元组 $(X, \preceq)$ 为 X 关于 $\preceq$ 的**偏序集**。

定义 2.5.3 若 $\preceq$ 为集合 X 上的一个偏序关系, 且对任意 $x, y \in X$, 有 $x \preceq y$, 或 $y \preceq x$, 则称 $\preceq$ 为 X 上的**全序关系**。

显然, 实数集 $\mathbf{R}$ 上"小于等于"($\leqslant$) 关系是一种全序关系, 而自然数集 $\mathbf{N}$ 上的整除关系不是全序关系。

思考: 集合 A 的幂集 $\rho(A)$ 上包含关系 ($\subseteq$) 是全序关系吗? 为什么?

例 2.5.2 设 R 是非空集合 A 上的一个二元关系，则 R 是 A 上的偏序关系，当且仅当 $R \cap R^{-1} = I_A$，且 $R = t(r(R))$。

证明：$\Rightarrow$：R 是 A 上的偏序关系。对任意 $a \in A$，有 $(a, a) \in I_A$。由 R 的自反性，有 $(a, a) \in R$，即 $(a, a) \in R \cap R^{-1}$。故 $I_A \subseteq R \cap R^{-1}$。对任意 $(x, y) \in R \cap R^{-1}$，由 R 的反对称性，有 $x = y$，即 $(x, y) \in I_A$，从而 $R \cap R^{-1} \subseteq I_A$。故 $R \cap R^{-1} = I_A$。因为 R 是自反的，故 $R = r(R)$。又由 R 的传递性，得 $R = t(R) = t(r(R))$，结论成立；

$\Leftarrow$：对任意 $x \in X$，有 $(x, x) \in I_A = R \cap R^{-1}$，即 $(x, x) \in R$，从而 R 是自反的；

若 R 不是反对称的，则存在 $x, y \in X$，且 $x \neq y$，使 $(x, y) \in R$，且 $(y, x) \in R$，即 $(x, y) \in R \cap R^{-1} = I_A$，故 $x = y$，矛盾。所以 R 是反对称的；

由 R 的自反性，知 $R = r(R)$，根据已知条件，得 $R = t(R)$，即 R 是传递的；

综上，R 是 X 上的偏序关系，证毕。

定义 2.5.4 若 a, b 是偏序集 $(X, \preceq)$ 上的两个元素，且满足：

(1) $a \prec b$；

(2) 若 $a \prec y \preceq b$，则 $y = b$；

则称 b **覆盖** a，或称 b 是 a 的**直接后继**。

偏序关系的关系图可以做一定程度的简化，就是下面将要介绍的哈斯图。

在偏序关系的关系图中，执行下列操作：

(1) 去掉每个顶点上的自环；

(2) 若 b 覆盖 a，则把 b 对应顶点画在 a 对应顶点的上方，在 a, b 对应顶点间连一条无向边代替有向边；

(3) 若 $a \preceq c$，且 c 不覆盖 a，则 a, c 对应的顶点间没有边相连，即去掉 a, c 对应顶点间的弧；

得到的图称为**哈斯 (Hasse) 图**(也称简化关系图)。这样的哈斯图也称对应偏序集的哈斯图。

例 2.5.3 画出下列偏序集 $(\{1, 2, 3, \cdots, 8, 9\}, |)$(其中 | 代表整除关系) 的哈斯图。

解：根据题意，偏序集 $(\{1, 2, 3, \cdots, 8, 9\}, |)$ 的哈斯图如图 2-2 所示：

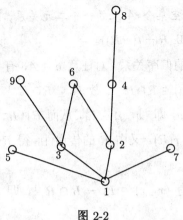

图 2-2

定义 2.5.5　若 a 是偏序集 $(X, \preceq)$ 中的一个元素, 且对任意 $x \in X$, 若 $a \preceq x$, 有 $x = a$, 则称 a 为 $(X, \preceq)$ 中的**极大元**。

定义 2.5.6　若 a 是偏序集 $(X, \preceq)$ 中的一个元素, 且对任意 $x \in X$, 若 $x \preceq a$, 则称 a 为 $(X, \preceq)$ 中的**最大元**。

类似的, 我们可以如下定义极小元和最小元。

定义 2.5.7　若 a 是偏序集 $(X, \preceq)$ 中的一个元素, 且对任意 $x \in X$, 若 $x \preceq a$, 有 $x = a$, 则称 a 为 $(X, \preceq)$ 中的**极小元**。

定义 2.5.8　若 a 是偏序集 $(X, \preceq)$ 中的一个元素, 且对任意 $x \in X$, 若 $a \preceq x$, 则称 a 为 $(X, \preceq)$ 中的**最小元**。

例 2.5.4　偏序集 $(\mathbf{N}^*, \leqslant)$ 没有极大元, 也没有最大元; 1 是极小元, 也是最小元。

例 2.5.5　例 2.5.3 中 1 是极小元, 也是最小元, 5, 6, 7, 8, 9 是极大元, 没有最大元。

注 1　一个偏序集中可以没有极大元, 也可以有几个极大元, 最大元未必存在, 若存在则只有一个, 唯一极大元一定是最大元。

对极小元和最小元也有类似的结论, 从略。

注 2　极小元对应顶点位于哈斯图的最底层, 反之亦然。极大元对应顶点位于哈斯图的最顶层, 反之亦然。哈斯图中孤立点对应元素既是极小元, 也是极大元。

注 3　全序集中极小元一定是最小元, 全序集中极大元也一定是最大元。

例 2.5.6 设 X 是集合, $A = \rho(X) - \{\varnothing\} - \{X\} \neq \varnothing$, 且 $|X| = n$, 问:

(1) 偏序集 $(A, \subseteq)$ 是否有最大元, 是否有最小元?

(2) $(A, \subseteq)$ 的极大元与极小元一般形式是什么?

解: (1) 根据已知条件, 得 $n \geqslant 2$。在幂集 $\rho(x)$ 关于 $\subseteq$ 关系做成偏序集对应的哈斯图中, 最底层 (第 0 层) 的顶点对应空, 自下而上, 第 1 层的顶点对应 X 中的单元集, 第 2 层顶点对应 X 中的 2 元子集, 以此类推, 第 $n - 1$ 层的顶点对应 X 的 $n - 1$ 元子集, 第 n 层的顶点对应集合 X。考虑集合 A 的结构, 偏序集 $(A, \subseteq)$ 没有最大元, 也没有最小元。

(2) 根据上述讨论, 易知 $(A, \subseteq)$ 中的极大元是 X 的所有 $n - 1$ 元子集, 极小元是 X 的所有单元集。

定义 2.5.9 对于偏序集 $(X, \preceq)$, 集合 $Y \subseteq X$, $a \in X$, 且对任意 $y \in Y$, 有 $y \preceq a$, 则称元素 a 为 Y 在 $(X, \preceq)$ 中的**上界**。Y 的最"小"上界称为 Y 在 $(X, \preceq)$ 中的**上确界**, 记为 $\sup_{(X, \preceq)} Y$。

类似的, 我们有如下下界和下确界的定义。

定义 2.5.10 对于偏序集 $(X, \preceq)$, 集合 $Y \subseteq X$, $b \in X$, 且对任意 $y \in Y$, 有 $b \preceq y$, 则称元素 b 为 Y 在 $(X, \preceq)$ 中的**下界**。Y 的最"大"下界称为 Y 在 $(X, \preceq)$ 中的**下确界**, 记为 $\inf_{(X, \preceq)} Y$。

例 2.5.7 设 $A = \{1, 2, \cdots, 12\}$, $\preceq$ 表示整除关系, $B_1 = \{2, 3, 4\}$, $B_2 = \{2, 3, 5\}$, $B_3 = \{2, 4\}$, 求 B_1, B_2, B_3 在偏序集 $(A, \preceq)$ 中的上、下界及上、下确界。

解: 根据定义, B_1 在偏序集 $(A, \preceq)$ 中的上界是 12, 下界是 1, 且 $\sup_{(A, \preceq)} B_1 = 12$, $\inf_{(A, \preceq)} B_1 = 1$;

B_2 在偏序集 $(A, \preceq)$ 中的上界不存在, 下界是 1, 且 $\sup_{(A, \preceq)} B_2$ 不存在, $\inf_{(A, \preceq)} B_2 = 1$;

B_3 在偏序集 $(A, \preceq)$ 中的上界为 4, 8, 12, 下界是 1, 2, 且 $\sup_{(A, \preceq)} B_3 = 4$, $\inf_{(A, \preceq)} B_3 = 2$。

接下来我们来给出有限偏序集的两条性质。

定理 2.5.1 有限偏序集 $(X, \preceq)$ 必有极小元和极大元。

证明: 这里只证明极小元的情形, 极大元的情形类似可证, 从略。

设 $(X, \preceq)$ 是有限偏序，其中 X 是有限集。

在 X 中任取一元素，记为 x_1，若 x_1 是极小元，结论得证。否则，存在元素 $x_2 \in X$，使 $x_2 \prec x_1$，若 x_2 不是极小元，则存在 $x_3 \in X$，使 $x_3 \prec x_2 \prec x_1$。

考虑到集合 X 的有限性，重复上述操作过程 $k(1 \leqslant k \leqslant n)$ 次之后，得到 $x_k \in X$，满足 $x_k \prec x_{k-1} \prec \cdots \prec x_3 \prec x_2 \prec x_1$，且 x_k 是 $(X, \preceq)$ 中的极小元。证毕。

推论 2.5.1　有限全序集中必有最小元和最大元。

定理 2.5.2　若 $(X, \preceq)$ 是 n 元偏序集，则一定可将 X 中的元素做如下排列：$x_1, x_2, \cdots, x_n$，使 $x_i \preceq x_j$ 时，总有 $i \leqslant j(1 \leqslant i, j \leqslant n)$。

证明：根据定理 2.5.1，偏序集 $(X, \preceq)$ 中必有极小元，设此极小元为 x_1。同理可知，偏序集 $(X - \{x_1\}, \preceq)$ 仍有极小元，设为 x_2，依次做下去，当 $1 < k \leqslant n$ 时，偏序集 $(X - \{x_1, x_2, \cdots, x_{k-1}\})$ 的极小元设为 x_k，由此得到的序列

$$x_1, x_2, \cdots, x_n$$

即满足定理的要求。证毕。

偏序关系广泛应用于数学的实际问题中，调度问题就是一个实际的例子，感兴趣的读者可参见参考文献 [3]。在数学的其他分支中，也经常会用到偏序关系。例如，设 $M_n^0(R)$ 是全体 n 阶实对称矩阵的集合，对任意 $A, B \in M_n^0(R)$，定义 $A \preceq B$，当且仅当 $B - A$ 是半正定矩阵。可以证明"$\preceq$"是 $M_n^0(R)$ 上的一个偏序关系，感兴趣的读者不妨自行证明这个结论。

关于偏序集的更多性质，我们将在下一章详细介绍。

2.6 习　题　二

1. 设 $X = \{1, 2, 3, 4\}$，R_1, R_2 是 X 上的关系，

$R_1 = \{(a, b) | \frac{a-b}{2}$ 是非零整数$\}$，

$R_1 = \{(a, b) | \frac{a-b}{3}$ 是非零整数$\}$，

求 $\mathrm{dom}(R_1 \cup R_2)$，$\mathrm{ran}(R_1 \cup R_2)$ 及 $R_1 - R_2$，$R_1 \circ R_2$，$R_1^{-1} \circ R_2^{-1}$。

2. 设 f, g, h 都是自然数集 $\mathbf{N}$ 到 $\mathbf{N}$ 的映射，且满足下列性质：对任意 $n \in \mathbf{N}$，有 $f(n) = n+1$，$g(n) = 2n$，$h(n) = \begin{cases} 1 & n \text{是偶数}; \\ -1 & n \text{是奇数} \end{cases}$　求 f^2，$f \circ g$，$(f \circ g) \circ h$。

3. 设 A 是任意非空集合，且 $F = \{f | f: A \longrightarrow \{0, 1\}\}$，证明：$F \sim \rho(A)$。

4. 判断下列关系是否具有自反、反自反、对称、反对称和传递的性质?

(1) 集合 X 上的恒等关系 I_X;

(2) 集合 X 上的空关系 $\varnothing$;

(3) 整数集 Z 上的大于关系;

(4) 集合 X 上的不等关系 N_X;

(5) 实数集 $\mathbf{R}$ 上的关系 $R_0 = \{(x, \sqrt{x}) | x \geqslant 0\}$。

5. 设 X 是 n 元有限集,问:

(1) X 上有多少种二元关系?

(2) X 上有多少种自反关系?

(3) X 上有多少种对称关系?

(4) X 上有多少种反对称关系?

(5) X 上有多少种既非自反又非反自反的关系?

6. 设 R 是集合 X 上的等价关系,则对任意整数 k, R^k 也是等价关系。

7. 设 R_1, R_2 都是集合 X 上的等价关系,且 $R_1 R_2 \subseteq R_2$,则 $R_1 \cup R_2$ 也是 X 上的等价关系。

8. 设 R_1, R_2 都是集合 X 上的等价关系,且 $R_1 \circ R_2 = R_2 \circ R_1$,则 $R_1 \circ R_2$ 也是 X 上的等价关系。

9. 对于集合 A, 令 $A^A = \{f | f : A \longrightarrow A\}$, 定义 A^A 上的关系 $R:f, g \in A^A$, fRg, 当且仅当 $\operatorname{ran}(f) = \operatorname{ran}(g)$。证明:

(1) R 是 A^A 上的等价关系;

(2) $A^A/R \sim \rho(A) - \{\varnothing\}$。

10. 设 R 是集合 X 上自反、传递的关系,令 $S = R \cap R^{-1}$,证明:

(1) S 是 X 上的等价关系;

(2) 在商集 X/S 上定义关系 $T:([x]_S, [y]_S) \in T$, 当且仅当 $(x, y) \in R$。则 T 是 X/S 上的偏序关系。

11. 设 R 是集合 X 上的一个关系,证明:$I_X \cup t(R \cup R^{-1})$ 是包含 R 的最小的等价关系。

12. 设在非零实数集 R^0 上定义关系

$$T = \{(x, y) | x \times y > 0\}$$

证明：T 是 R^0 上的等价关系，并求 R^0 关于关系 T 的商集 R^0/T。

13. 在集合 $Z \times Z$ 上定义关系

$$R = \{((x_1, y_1), (x_2, y_2)) | x_1 + y_2 = x_2 + y_1\}$$

证明：R 是等价关系，并求商集 $(Z \times Z)/R$。

14. 设 (A, R)，(B, S) 都是偏序集，在 $A \times B$ 上定义关系 T：对任意 (a_1, b_1)，$(a_2, b_2) \in A \times B$，$(a_1, b_1)T(a_2, b_2)$，当且仅当 $a_1 R a_2$，$b_1 S b_2$，证明：T 是集合 $A \times B$ 的一个偏序关系。

15. 已知集合 $A(\neq \varnothing)$ 与 B，$(B, \preceq)$ 是偏序集，在 $B^A \triangleq \{f | f : A \longrightarrow B\}$ 上定关系 $R : fRg$，当且仅当 $\forall x \in A$，$f(x) \preceq g(x)$。证明：R 是 B^A 上的一个偏序关系，当 $(B, \preceq)$ 有最大元时，(B^A, R) 也有最大元。

16. 设 $\preceq$ 是 n 元有限集 A 上的偏序关系，且 G 是偏序集 $(A, \preceq)$ 的哈斯图，证明：$(A, \preceq)$ 是全序集，当且仅当 G 是一条自下而上的 n 阶路。

17. 证明：任意偏序集的哈斯图中不可能有三角形。

18. 设 $(A, \preceq)$ 是一个偏序集，若 A 的任意非空子集都有最小元，则称 $(A, \preceq)$ 为**良序集**，$\preceq$ 称为**良序关系**。证明：

(1) 每一良序集必是全序集；

(2) 每一有限全序集必是良序集。

并举例说明去掉 (2) 中"有限"的条件后结论不一定成立。

第三章　格与布尔代数

格是一种特殊的偏序集。格论在数学的许多分支中均有应用，在近代的计算机科学中也起着重要的作用，如用于逻辑电路设计、数据仓库、信息安全等。本章中将从代数系统和偏序集两个角度来介绍格的有关知识。

3.1　代 数 系 统

定义 3.1.1　对于给定集合 A, A^n 到 A 的映射称为 A 上的 n **元代数运算**，简称 n **元运算**。

例 3.1.1　(1) 设 $M_n(Z)$ $(n \geqslant 2)$ 表示所有 n 阶整数矩阵的集合，则矩阵加法、矩阵乘法都是 $M_n(Z)$ 上的二元运算，而求逆运算不是 $M_n(Z)$ 上的二元运算；

(2) 设 $\rho(S)$ 表示集合 S 的幂集，则集合的交、并、差都是 $\rho(S)$ 上的二元运算。

今后，可根据需要任意定义二元运算，有时不需要考虑它的实际意义。

定义 3.1.2　设 P 是集合 A 上有限种运算组成的集合，则称二元组 (A,P) 为**代数系统**。

一般的集合上的代数运算多用 $*$, $\bullet$ 等来表示，称为**算符**。如 f 是 A 上的代数运算，对任意的 $x, y \in A$，有 $f(x, y) = z$，则简记为 $x \bullet y = z$。

今后，在不引起混淆的情况下常把 $x \bullet y = z$ 的算符 $\bullet$ 省掉，而直接写作 $xy = z$。

例 3.1.2　在实数集 R 上定义运算 $*$：对任意 $a, b \in R$，$a * b = \dfrac{a+b}{\sqrt{a^2 + b^2 + 1}}$，计算 $2 * 3$、$3 * 2$ 及 $0 * 1$。

定义 3.1.3　设 $\bullet$ 是集合 X 上二元运算，对任意的 $x, y \in X$，有 $x \bullet y = y \bullet x$，则称 $\bullet$ 在 X 上**可交换**，也称运算 $\bullet$ 满足**交换律**；对任意的 $x, y, z \in X$，有 $(x \bullet y) \bullet z = x \bullet (y \bullet z)$，则称 $\bullet$ 在 X 上**可结合**，也称运算 $\bullet$ 满足**结合律**。

例 3.1.3　实数集 R 上的加法运算和乘法运算都是可交换的，但减法运算不可交换；幂集 $\rho(A)$ 上的交、并及对称差运算都是可交换的；但相对补运算（即"差"运算）不可交换。

例 3.1.4　设集合 $S = \{a, b\}$，在 S 定义运算 $*$（见表 3-1）。则运算 $*$ 不可结合。

表 3-1

*	a	b
a	b	a
b	a	a

这是因为 $(a*a)*b = b*b = a \neq b = a*a = a*(a*b)$。

思考:想一想，你能否定义一个不可结合的代数运算?

例 3.1.5　所有实 n 阶矩阵的集合 $M_n(R)$ 上的矩阵加法和矩阵乘法运算都是可结合的。

定义 3.1.4　若集合 $S \subseteq A$，在代数系统 $(A, \circ)$ 中，对任意的 $x, y \in S$，有 $x \circ y \in S$。则称 $(S, \circ)$ 是 $(A, \circ)$ 的**子代数**。

定义 3.1.5　若 $\bullet, *$ 都是集合 X 上二元运算，对任意的 $x, y, z \in X$，有:

$x*(y \bullet z) = (x*y) \bullet (x*z)$; (左分配律)

$(y \bullet z)*x = (y*x) \bullet (z*x)$。(右分配律)

则称运算 $*$ 对 $\bullet$ 是**可分配的**，也称 $*$ 对 $\bullet$ 满足分配律。

注　如果运算 $*$ 满足交换律，那么定义 3.1.5 中的左分配律和右分配律是一回事。

例 3.1.6　$M_n(R)$ 上的矩阵乘法对矩阵加法运算满足分配律，而矩阵加法对矩阵乘法不满足分配律。

例 3.1.7　整数集 $\mathbf{Z}$ 上的模 m 同余关系 R_m: $\forall i, j \in \mathbf{Z}$，$iR_m j$，当且仅当 $i \equiv j(\bmod m)$ (即 $m|(i-j)$)。$\mathbf{Z}$ 关于 R_m 的商集记为 $\mathbf{Z}_m = \{[x]_{R_m}|x = 0, 1, \cdots, m-1\}$，在 $\mathbf{Z}_m$ 上定义:

加法运算 $\oplus$: $[i]_{R_m} \oplus [j]_{R_m} = [i+j]_{R_m}$;

乘法运算 $\otimes$: $[i]_{R_m} \otimes [j]_{R_m} = [i \times j]_{R_m}$。

在 $\mathbf{Z}_m$ 上，运算 $\oplus, \otimes$ 都满足交换律和结合律，$\otimes$ 对 $\oplus$ 满足分配律。

下面介绍两个代数系统的同构的概念。

定义 3.1.6　对于两个代数系统 $(X, \circ)$ 和 $(Y, *)$，设 φ 是集合 X 到 Y 的映射，对任意的两个元素 $x_1, x_2 \in X$，有 $\varphi(x_1 \circ x_2) = \varphi(x_1) * \varphi(x_2)$，则称 φ 是 $(X, \circ)$ 到 $(Y, *)$ 的一种**同态映射**，也称 $(X, \circ)$ 与 $(Y, *)$**同态**。

定义 3.1.7　对于两个代数系统 $(X, \circ)$ 和 $(Y, *)$，设 φ 是集合 X 到 Y 的同态映射，且 φ 是满射，则称 φ 是 $(X, \circ)$ 到 $(Y, *)$ 的一种**满同态映射**，也称 $(X, \circ)$

与 $(Y, *)$ 满同态。

定义 3.1.8　对于两个代数系统 $(X, \circ)$ 和 $(Y, *)$，设 φ 是集合 X 到 Y 的同态映射，且 φ 是双射，则称 φ 是 $(X, \circ)$ 到 $(Y, *)$ 的一种**同构映射**，也称 $(X, \circ)$ 与 $(Y, *)$**同构**。

例 3.1.8　设 $\mathbf{R}$ 表示实数集，$\mathbf{R}^+$ 表示正实数集，对任意 $x \in \mathbf{R}^+$，令 $\varphi(x) = \ln x$，则 φ 是 $\mathbf{R}^+$ 到 $\mathbf{R}$ 的同构映射。

证明：易证 φ 是 $\mathbf{R}^+$ 到 $\mathbf{R}$ 的一个双射。对任意 $x_1, x_2 \in \mathbf{R}^+$，有

$$\varphi(x_1 x_2) = \ln(x_1 x_2) = \ln x_1 + \ln x_2 = \varphi(x_1) + \varphi(x_2)$$

所以 φ 是 $\mathbf{R}^+$ 到 $\mathbf{R}$ 的同构映射，即代数系统 $(\mathbf{R}^+, \times)$ 与 $(\mathbf{R}, +)$ 同构。

定理 3.1.1　设代数系统 $(X, \circ)$ 与 $(Y, *)$ 满同态。

(1) 若 X 上的运算 $\circ$ 满足交换律，则 Y 上的运算 $*$ 也满足交换律；

(2) 若 X 上的运算 $\circ$ 满足结合律，则 Y 上的运算 $*$ 也满足结合律。

证明：设 φ 是 $(X, \circ)$ 到 $(Y, *)$ 的满同态映射。

(1) 因为 φ 是满射，对任意 $y_1, y_2 \in Y$，存在 $x_1, x_2 \in X$，使 $\varphi(x_1) = y_1$，$\varphi(x_2) = y_2$，且

$$y_1 * y_2 = \varphi(x_1) * \varphi(x_2) = \varphi(x_1 \circ x_2),$$

$$y_2 * y_1 = \varphi(x_2) * \varphi(x_1) = \varphi(x_2 \circ x_1),$$

又因为 $x_1 \circ x_2 = x_2 \circ x_1$，所以 $y_1 * y_2 = y_2 * y_1$，即 $(Y, *)$ 满足交换律。

(2) 因为 φ 是满射，对任意 $y_1, y_2, y_3 \in Y$，存在 $x_i \in X$，使 $\varphi(x_i) = y_i$，其中 $i = 1, 2, 3$。且

$$\begin{aligned} y_1 * (y_2 * y_3) &= \varphi(x_1) * (\varphi(x_2) * \varphi(x_3)) = \varphi(x_1) * \varphi(x_2 \circ x_3) \\ &= \varphi(x_1 \circ (x_2 \circ x_3)), \end{aligned}$$

同理可证 $(y_1 * y_2) * y_3 = \varphi((x_1 \circ x_2) \circ x_3)$。

又因为 $x_1 \circ (x_2 \circ x_3) = (x_1 \circ x_2) \circ x_3$，所以 $(y_1 * y_2) * y_3 = y_1 * (y_2 * y_3)$ 即 $(Y, *)$ 满足结合律。证毕。

定理 3.1.2　设代数系统 $(X, +, \times)$ 与 $(Y, \oplus, \otimes)$ 满同态，且 X 上的运算 $+$ 关于 $\times$ 满足分配律，则 Y 上的运算 $\oplus$ 关于 $\otimes$ 也满足分配律。

证明留给读者。

通过以上两个定理，不难看出，两个同构的代数系统具有完全类似的性质。

3.2　作为偏序集的格

定义 3.2.1　设 $(S, \preceq)$ 是偏序集, $\forall x, y \in S$, 集合 $\{x, y\}$ 都有最小上界和最大下界, 则称 S 关于 $\preceq$ 做成一个**格**。最小上界记为 $\sup_{\preceq}(x, y)$, 最大下界记为 $\inf_{\preceq}(x, y)$。

显然, 任一全序集都是格。

例 3.2.1　集合 S 的幂集 $\rho(S)$ 关于包含关系 $\subseteq$ 的偏序集 $(\rho(S), \subseteq)$ 做成一个格。

例 3.2.2　判断下列哈斯图 (见图 3-1) 对应的偏序集是否是格? 为什么?

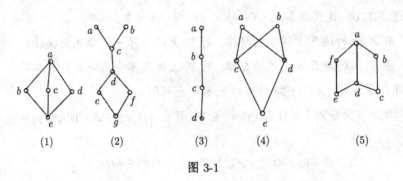

图 3-1

解:　图 (1) 对应的偏序集是格, 因为任取其中两个元素, 都有上、下确界;

图 (2) 对应的偏序集不是格, 因为 $\{a, b\}$ 没有上界;

图 (3) 对应的偏序集是格, 因为任取其中两个元素, 都有上、下确界;

图 (4) 对应的偏序集不是格, 因为 $\{c, d\}$ 有两个上界, 但没有上确界;

图 (5) 对应的偏序集不是格, 因为 $\{e, c\}$ 没有下界。

对格 $(S, \preceq)$ 中任意两个元素 x, y, 均有唯一上确界 $\sup(x, y)$ 和唯一下确界 $\inf(x, y)$, 所以, 求上确界和下确界是格 $(S, \preceq)$ 中的两个二元运算, 此时, 可省略偏序符号 $\preceq$, 上确界和下确界分别写作 $\sup(x, y)$ 和 $\inf(x, y)$, 格 $(S, \preceq)$ 直接写作 S。

定义 3.2.2　在格 S 中, $\forall x, y \in S$, 令

$$x + y = \sup(x, y)$$

$$x * y = \inf(x, y)$$

称 $(S,+,*)$ 是**由格 S 规定的代数系统**。

定理 3.2.1 由格 S 规定的代数系统 $(S,+,*)$ 具有下列性质:

(1) $a \preceq a+b$, $b \preceq a+b$;

(2) $a*b \preceq a$, $a*b \preceq b$;

(3) 当 $a \preceq b$ 时, $a+c \preceq b+c$, $a*c \preceq b*c$;

(4) 当 $a \preceq b$, 且 $c \preceq d$ 时, $a+c \preceq b+d$, $a*c \preceq b*d$。

其中 a,b,c,d 是 S 中的任意四个元素。

证明: (1) 因为 $a+b$ 是 a,b 的上确界, 故 $a \preceq a+b$, $b \preceq a+b$;

(2) 因为 $a*b$ 是 a,b 的下确界, 故 $a*b \preceq a$, $a*b \preceq b$;

(3) 根据 (1), 有 $b \preceq b+c$, $c \preceq b+c$, 又因为 $a \preceq b$, 故 $a \preceq b+c$, 即 $b+c$ 是 a,c 的上界, 而 $a+c$ 是 a,c 的上确界, 所以, $a+c \preceq b+c$,

同理可证 $a*c \preceq b*c$;

(4) 根据定义, 显然有 $c+b=b+c$, $c*b=b*c$。根据已知条件及 (3), 有 $a+c \preceq b+c \preceq b+d$, 且 $a*c \preceq b*c \preceq b*d$。证毕。

定理 3.2.2 由格 S 规定的代数系统 $(S,+,*)$ 具有下列性质:

(1) $a+a=a$, $a*a=a$; (幂等律)

(2) $a+b=b+a$, $a*b=b*a$; (交换律)

(3) $(a+b)+c=a+(b+c)$, $(a*b)*c=a*(b*c)$; (结合律)

(4) $a+(a*b)=a$, $a*(a+b)=a$。(吸收律)

其中 a,b,c 是 S 中的任意三个元素。

证明: 根据 $+$ 和 $*$ 的定义, 幂等律和交换律是显然的。下面证明结合律和吸收律。

现在证明关于 $+$ 的结合律, 令

$$s=a+(b+c),\ t=(a+b)+c$$

因为 $a \preceq s$, $b+c \preceq s$, 且 $b \preceq b+c$, $c \preceq b+c$, 所以 s 是 a,b,c 的上界。

设 m 也是 a,b,c 的上界, 则有 $a \preceq m$, $b \preceq m$, $c \preceq m$, 从而, 有 $b+c \preceq m$。故 m 是 $a,b+c$ 的上界。而 s 是 $a,b+c$ 的上确界, 所以, $s=a+(b+c) \preceq m$。即 s 是 a,b,c 的上确界。

同理可证 t 也是 a,b,c 的上确界。即 $a+(b+c)=s=t=(a+b)+c$。

类似可以证明关于 ∗ 的结合律，从略。

下面证明关于 + 的吸收律。关于 ∗ 的吸收律类似可证，从略。

显然，$a \preceq a + (a * b)$。根据定理 3.2.1 (2)，有 $a * b \preceq a$，故 $a + a * b \preceq a$。根据 $\preceq$ 的反对称性，有 $a + (a * b) = a$。证毕。

例 3.2.3 设 S 是格，a, b, $c \in S$，则有：$[(a*b)+(a*c)]*[(a*b)+(b*c)] = a*b$。

证明：显然，$a*b \preceq (a*b)+(a*c)$，且 $a*b \preceq (a*b)+(b*c)$，所以，有

$$a*b = (a*b)*(a*b) \preceq [(a*b)+(a*c)]*[(a*b)+(b*c)]$$

因为 $a*b \preceq a$，$a*c \preceq a$，所以 $(a*b)+(a*c) \preceq a+a = a$，同理可证 $(a*b)+(b*c) \preceq b$；故 $[(a*b)+(a*c)]*[(a*b)+(b*c)] \preceq a*b$。即

$$[(a*b)+(a*c)]*[(a*b)+(b*c)] = a*b$$

结论成立。

定义 3.2.3 若 a_1, a_2, $\cdots$, a_n 是格 S 中的 $n(\geqslant 3)$ 个元素。定义

(1) $a_1 + a_2 + \cdots + a_{n-1} + a_n = (a_1 + a_2 + \cdots + a_{n-1}) + a_n$;

(2) $a_1 * a_2 * \cdots * a_{n-1} * a_n = (a_1 * a_2 * \cdots * a_{n-1}) * a_n$。

定理 3.2.3 格 S 的有限子集 $A = \{a_1, a_2, \cdots, a_n\}$ 的上确界是 $a_1 + a_2 + \cdots + a_n$，下确界是 $a_1 * a_2 * \cdots * a_n$。

证明：对集合 A 的元素个数 n 用数学归纳法。

$n = 2$ 时，结论显然成立。假设 $n = k$ 时结论成立。下面考虑 $n = k+1$ 的情形。

设 $A = \{a_1, a_2, \cdots, a_k, a_{k+1}\}$，$A_1 = \{a_1, a_2, \cdots, a_k\}$。显然，$A = A_1 \cup \{a_{k+1}\}$。

根据归纳假设，$a_1+a_2+\cdots+a_k$ 是 A_1 的上确界。令 $m = (a_1+a_2+\cdots+a_k)+a_{k+1}$。易见，$m$ 是 A 的上界。设 p 是 A 的另一个上界，则有

$$a_1 + a_2 + \cdots + a_k \preceq p, \quad a_{k+1} \preceq p$$

故 $m = (a_1 + a_2 + \cdots + a_k) + a_{k+1} \preceq p$。即 m 是集合 A 的上确界。

根据归纳原理，$a_1 + a_2 + \cdots + a_n$ 是 $A = \{a_1, a_2, \cdots, a_n\}$ 的上确界。

同理可证 $a_1 * a_2 * \cdots * a_n$ 是 $A = \{a_1, a_2, \cdots, a_n\}$ 的下确界。证毕。

定义 3.2.4 设 $(S, +, *)$ 由格 $(S, \preceq)$ 规定的代数系统，且 S 的子集 S_1 对 $+$, $*$ 两种运算封闭，称 $(S_1, \preceq)$ 是 $(S, \preceq)$ 的子格。

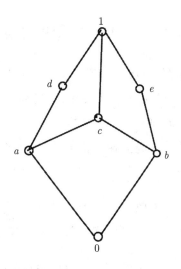

图 3-2

例 3.2.4 设 S 是格, 其对应的哈斯图如图 3-2。且 $S_1 = \{a, b, d, e, 0, 1\}$, $S_2 = \{a, b, c, 0\}$, 问 S_1, S_2 是否是 $(S, \preceq)$ 的子格? 为什么?

解: 对于子集 $S_1 = \{a, b, d, e, 0, 1\}$, 有 $a, b \in S_1$, 但 $\sup(a, b) = c \notin S_1$, 故 S_1 不是 S 的子格;

对于子集 $S_2 = \{a, b, c, 0\}$, 其中任意两个元素的上下确界仍属于这个子集, 故 S_2 是 S 的子格。

例 3.2.5 设 $\preceq$ 是 $\mathbf{N}^*$ 上的整除关系, 且 $D_n = \{x | x \in \mathbf{N}^*, x|n\}$, 证明: $(D_n, \preceq)$ 是 $(\mathbf{N}^*, \preceq)$ 的子格。

证明: 根据数论知识, 对 n 进行标准分解[①]: $n = p_1^{k_1} \cdots p_s^{k_s}$。

对任意 $a, b \in D_n$, 有 $a = p_1^{a_1} \cdots p_s^{a_s}$, $b = p_1^{b_1} \cdots p_s^{b_s}$, 其中 $a_i \geqslant 0$, $b_i \geqslant 0$, $i = 1, 2, \cdots, s$。

根据定义, 有 $\gcd(a, b) = p_1^{\min\{a_1, b_1\}} \cdots p_s^{\min\{a_s, b_s\}}$, $\mathrm{lcm}(a, b) = p_1^{\max\{a_1, b_1\}} \cdots p_s^{\max\{a_s, b_s\}}$。

故 $a * b = \gcd(a, b)|n$, 且 $a + b = \mathrm{lcm}(a, b)|n$。即 $a * b \in D_n$, $a + b \in D_n$。所以, $(D_n, \preceq)$ 是格 $(\mathbf{N}^*, \preceq)$ 的子格。结论成立。

---

①对任意正整数 n, 有标准分解式 $n = p_1^{k_1} \cdots p_s^{k_s}$, 其中 $p_1 < p_2 < \cdots < p_s$ 为互异素数, 且 $k_i > 0$, $i = 1, 2, \cdots, s$

3.3　作为代数系统的格

这一节从代数系统的角度来研究格的性质。首先介绍格的代数系统的定义。

定义 3.3.1　设 $(S, +, *)$ 是一个代数系统，两种运算 $+$, $*$ 均满足交换律、结合律和吸收律，则称代数系统 $(S, +, *)$ 是**格**。

定理 3.3.1　格 $(S, +, *)$ 的两种运算 $+$, $*$ 均满足幂等律。

证明：对任意 $a \in S$，有

$$a + a = a + (a * (a + a)) \quad \text{(乘法的吸收律)}$$
$$= a \quad \text{(加法的吸收律)}$$

$$a * a = a * (a + (a * a)) \quad \text{(加法的吸收律)}$$
$$= a \quad \text{(乘法的吸收律)}$$

证毕。

定理 3.3.2　若 $(S, +, *)$ 是格，$a, b \in S$，则有 $a + b = b$，当且仅当 $a * b = a$。

证明：$\Rightarrow$ 根据已知条件，有

$$a * b = a * (a + b)$$
$$= a \quad \text{(乘法的吸收律)}$$

$\Leftarrow$ 根据已知条件，有

$$a + b = (a * b) + b$$
$$= b + (b * a) \quad \text{(交换律)}$$
$$= b \quad \text{(加法的吸收律)}$$

证毕。

例 3.3.1　设 S 是格，a、b、$c \in S$，则有 $a * (b + c) = (a * b) + (a * c)$，当且仅当 $a + (b * c) = (a + b) * (a + c)$。

证明：$\Rightarrow$ 根据已知条件，有

$$(a + b) * (a + c) = [(a + b) * a] + [(a + b) * c] = [a * a + a * b] + [a * c + b * c]$$
$$= [a + a * b] + [a * c + b * c] = a + [a * c + b * c]$$
$$= a + (b * c)$$

⇐ 根据已知条件, 有

$$(a * b) + (a * c) = [(a * b) + a] * [(a * b) + c] = a * [(a + c) * (b + c)]$$
$$= a * (b + c).$$

结论成立。

定理 3.3.3 若 $(S, +, *)$ 是格, $\preceq_+$ 是 S 上的二元关系: $a \preceq_+ b$, 当且仅当 $a + b = b$, 则 $\preceq_+$ 是 S 上的偏序关系, 且 $(S, \preceq_+)$ 是格。

证明: 首先证明 $\preceq_+$ 是 S 上的偏序关系。

对任意 $a \in S$, 由幂等律, 得 $a + a = a$, 即 $a \preceq_+ a$, 从而 $\preceq_+$ 是自反的;

若 $a \preceq_+ b$, 且 $b \preceq_+ a$, 则有 $b = a + b = b + a = a$, 即 $a = b$, 从而 $\preceq_+$ 是反对称的;

若 $a \preceq_+ b$, 且 $b \preceq_+ c$, 则有 $b = a + b$, $b + c = c$, 故:

$$a + c = a + (b + c) = (a + b) + c = b + c = c$$

即 $a \preceq_+ c$, 从而 $\preceq_+$ 是传递的。即 $\preceq_+$ 是一种偏序关系。

接下来证明 $(S, \preceq_+)$ 是 (偏序集定义下的) 格。

因为 $a + (a + b) = (a + a) + b = a + b$, 故 $a \preceq_+ a + b$, 同理可证 $b \preceq_+ a + b$。即 $a + b$ 是 a, b 的一个上界,

设 m 是 a, b 的任意一个上界, 则有:

$$(a + b) + m = a + (b + m) = a + m = m$$

即 $a + b \preceq_+ m$。所以, $a + b$ 是 a, b 的上确界;

根据吸收律, 有 $a + a * b = a$, 故 $a * b \preceq_+ b$, 同理可证 $a * b \preceq_+ b$。即 $a * b$ 是 a, b 的一个下界。

根据定理 3.3.2, 有 $a \preceq_+ b$, 当且仅当 $a * b = a$。

设 c 是 a, b 的任意一个下界, 则有:

$$c * (a * b) = (c * a) * b = c * b = c$$

即 $c \preceq_+ a * b$。所以, $a * b$ 是 a, b 的下确界。所以, $(S, \preceq_+)$ 是格。证毕。

类似的, 我们还可以定义基于运算 "$*$" 的偏序关系 (见习题三第 5 题)。

注　从定理 3.2.2 和定理 3.3.3 可以看出，格的偏序集的定义和代数系统的定义是等价的。

最后介绍格的对偶原理。若 $(S, \preceq)$ 是格，则 $(S, \succeq)$ 也是格，其中"$\succeq$"是"$\preceq$"的逆关系。

定义 3.3.2　设 P 是含有格中元素以及符号"$=$"，"$\preceq$"，"$\succeq$"及"$+$"，"$*$"的命题，令 Q 是将 P 中"$\preceq$"换成"$\succeq$"，"$\succeq$"换成"$\preceq$"，"$+$"换成"$*$"，"$*$"换成"$+$"所得到的命题，则称 Q 是 P 的**对偶命题**。

格的对偶原理：设 P 是含有格中元素以及符号"$=$"，"$\preceq$"，"$\succeq$"及"$+$"，"$*$"的命题，且 Q 是 P 的对偶命题。则命题 P 为真，当且仅当 Q 真。

根据对偶原理，例 3.3.1 就不证自明了。

3.4　某些特殊格

本节将介绍一些具有特殊性质的格，主要是有界格、有补格、分配格和模格。

定义 3.4.1　有最大元和最小元的格称为**有界格**。

一般的，有界格中最大元和最小元分别用 1 和 0 来表示。根据定理 3.2.3，下面的注记是显然的。

注　有限格必为有界格。

在有界格 $(S, +, *)$ 中，$0 \preceq a \preceq 1$，则有：

$$a + 1 = 1; a * 1 = a; a + 0 = a; a * 0 = 0$$

例 3.4.1　设 $\preceq$ 是 $\mathbf{N}^*$ 上的整除关系，格 $(\mathbf{N}^*, \preceq)$ 中的最小元是 1，没有最大元。

定义 3.4.2　有界格 $(S, +, *)$ 中的元素 a, b 满足 $a + b = 1$，$a * b = 0$，则称 b 是 a 的**补元**(a 也是 b 的补元)，记作 $b = a'$。

有界格中元素未必有补元，有些元素可能有不止一个补元。

例 3.4.2　下列哈斯图 (见图 3-3) 中，(1) 对应格中除 0, 1 互为补元外，其他元素都没有补元，(2) 对应格中 a, b, c 中的每个元素都有两个补元。

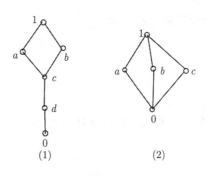

图 3-3

定义 3.4.3 若有界格 $(S, +, *)$ 中的每个元素都有补元，则 $(S, +, *)$ 称为**有补格**。

例 3.4.3 若 $\preceq$, D_n 如例 3.2.5 所示，则格 $(D_{20}, \preceq)$ 不是有补格。

解：因为 $D_{20} = \{1, 2, 4, 5, 10, 20\}$，则 2 没有补元。否则，设 $x \in D_{20}$，$\gcd(2, x) = 1$，则有 $x = 1$，或 $x = 5$，但是 $\mathrm{lcm}(2, 1) = 2$，$\mathrm{lcm}(2, 5) = 10$，矛盾。

所以，$(D_{20}, \preceq)$ 不是有补格。

一般的，格 $(S, +, *)$ 不一定满足分配律。但我们有如下定理。

定理 3.4.1 若 $(S, +, *)$ 是格，对任意 $a, b, c \in S$，有 $a + (b * c) \preceq (a + b) * (a + c)$。

证明：因为 $b * c \preceq b$，且 $b * c \preceq c$，所以有 $a + (b * c) \preceq a + b$，且 $a + (b * c) \preceq a + c$。从而有：$a + (b * c) = [a + (b * c)] * [a + (b * c)] \preceq (a + b) * (a + c)$。证毕。

定义 3.4.4 若格 $(S, +, *)$ 中运算"$+$"对"$*$"的分配律成立，即对任意 $a, b, c \in S$，有：$a + (b * c) = (a + b) * (a + c)$，则称 $(S, +, *)$ 为**分配格**。

图 3-4 对应的格称为**五角格**，图 3-3 (2) 对应的格称为**钻石格**。

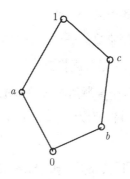

图 3-4

例 3.4.4　证明任一全序集都是分配格。

证明：设 $(S, \preceq)$ 是一个全序集，a，b，c 是 S 中的任意三个元素。下面分两种情况证明。

(1) $a \preceq b$，或 $a \preceq c$。

此时，不论 $b \preceq c$ 或 $c \preceq b$，都有：$a * (b+c) = a$，$(a*b) + (a*c) = a$，所以，$a*(b+c) = (a*b) + (a*c)$；

(2) $b \preceq a$，且 $c \preceq a$。

此时，有 $b+c \preceq a+a = a$，即 $b+c \preceq a$，所以，$a*(b+c) = b+c$。

由 $b \preceq a$，$c \preceq a$，可得 $(a*b) + (a*c) = b+c$，所以，$a*(b+c) = (a*b) + (a*c)$。

故结论成立。

下面给出分配格的判定定理，此定理的证明较为繁琐，从略。

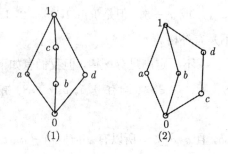

图 3-5

定理 3.4.2　设 S 是格，则 S 是分配格，当且仅当 S 中不含有与钻石格或五角格同构的子格。

推论 3.4.1　小于 5 元的格都是分配格。

当然，根据定理 3.4.2，全序集显然是一个分配格。

思考：举例说明，6 元格未必是分配格。

例 3.4.5　判定图 3-5 中两个哈斯图对应的格是否是分配格？为什么？

解：(1) 对应的格不是分配格，因为 $S_1 = \{0, a, b, d, 1\}$ 构成一个同构于钻石格的子格；

(2) 对应的格不是分配格，因为 $S_2 = \{0, b, c, d, 1\}$ 构成一个同构于五角格的子格。

定理 3.4.3 有界分配格的元素至多只有一个补元。

证明：设 L 为有界分配格，对任意 $a \in L$，若 a 没有补元，结论成立。

否则，设 a 至少有两个补元 b, c。下面我们分两种情形讨论。

情形 1. b, c 可以比较大小。则 $L_1 = \{a, b, c, 0, 1\}$ 是 L 的一个子格，且同构于五角格；

情形 2. b, c 不可比较大小。

子情形 2.1 $b + c = 1$，且 $b * c = 0$。

此时，$L_1 = \{a, b, c, 0, 1\}$ 是 L 的一个子格，且同构于钻石格；

子情形 2.2 $b + c = 1$，$b * c = 0$ 二式至少有一个不成立。

根据已知条件，有

$$a + b = 1, \quad a + c = 1$$

$$a * b = 0, \quad a * c = 0$$

因为 L 是分配格，有

$$a + (b + c) = 1, \quad a * (b + c) = 0$$

$$a + (b * c) = 1, \quad a * (b * c) = 0$$

故 $b + c, b * c$ 都是 a 的补元，且 $b * c \preceq b + c$。

从而，$L_2 = \{0, 1, a, b * c, b + c\}$ 是 L 的一个子格，且同构于五角格。

以上两种情形均与定理 3.4.2 矛盾。证毕。

推论 3.4.2 有补分配格中每个元素只有一个补元。

例 3.4.6 若格 S 是分配格，任意三个元素 $a, b, c \in S$，且满足 $a * b = a * c$，$a + b = a + c$，证明：$b = c$。

证明：根据已知条件，得

$$b = b + a * b = b + a * c = (b + a) * (b + c) =$$
$$(a + c) * (b + c) = c + (a * b) = c + (a * c) = c$$

结论成立。

思考：利用例 3.4.6 的结论，能否给出定理 3.4.3 的另一种证明方法?

注 该例题的逆命题也成立 (见习题三第 8 题)。故这也是判定分配格的一个充要条件。

定义 3.4.5　在格 S 中，a, b, $c \in S$，当 $a \preceq b$ 时，有 $a + (b*c) = b*(a+c)$，则称 S 是**模格**，也称 S 满足**模律**。

注　分配格是模格，反之不然。

例 3.4.7　钻石格是模格，但不是分配格。

例 3.4.8　幂集格 $(\rho(S), \cup, \cap)$ 是分配格。

例 3.4.9　设 L 是一个格，任意三个元素 a, b, $c \in L$。证明下列三个命题等价：

(1) $a + (b*c) = (a+b)*(a+c)$；

(2) $a*(b+c) = (a*b) + (a*c)$；

(3) $(a+b)*(b+c)*(c+a) = (a*b) + (b*c) + (c*a)$。

证明：　(1) $\Rightarrow$ (2) 根据格的对偶原理，结论显然成立；

(2) $\Rightarrow$ (3) 根据已知条件，有：

$$
\begin{aligned}
(a+b)*(b+c)*(c+a) &= [(a+b)*(b+c)*c] + [(a+b)*(b+c)*a] \\
&= [(a+b)*c] + [a*(b+c)] \\
&= [(a*c) + (b*c)] + [a*b] + (a*c)] \\
&= (a*b) + (b*c) + (c*a)
\end{aligned}
$$

(3) $\Rightarrow$ (1) 首先证明若 (3) 成立，则格 L 是模格。

设 a, b, $c \in L$，且 $a \preceq b$。从而有

$$(a+b)*(b+c)*(c+a) = b*(b+c)*(c+a) = b*(c+a);$$

$$(a*b) + (b*c) + (c*a) = a + (b*c) + (c*a) = a + (b*c)$$

根据定义，L 是模格。根据条件，有：

$$a + [(a+b)*(b+c)*(c+a)] = a + [(a*b) + (b*c) + (c*a)]$$

而左边 $= (a+b)*[a+((b+c)*(c+a))] = (a+b)*[(a+b+c)*(a+c)] = (a+b)*(a+c)$，右边 $= a + (b*c)$。

即 $a + (b*c) = (a+b)*(a+c)$。证毕。

下面我们给出模格的判定定理。

定理 3.4.4　设 S 是格，则 S 是模格，当且仅当 S 中不含有与五角格同构的子格。

证明: ⇒ 若 S 含有与五角格同构的子格 $S_1 = \{0, 1, a, b, c\}$, 则存在元素 $a, b, c \in S$, 且 $a \preceq b$, 且

$$a + (b * c) = a + 0 = a \neq b = b * 1 = b * (a + c)。$$

这与 S 是模格矛盾, 故结论成立;

⇐ 若 S 不是模格, 则存在元素 $x, y, z \in S$, 使 $x \prec y$, 且 $x + (y * z) \prec y * (x + z)$。令 $a = x + (y * z)$, $b = y * (x + z)$, $c = z$。则有:

$$y * z \prec a \prec b \prec x + z, \ y * z \prec c \prec x + z$$

且 $a + c = b + c = x + z$, $a * c = b * c = y * z$。

易见 $S_2 = \{y * z, a, b, c, x + z\}$ 关于运算 $+, *$ 封闭, 则 S_2 是一个五角格。这与假设矛盾。证毕。

3.5 布 尔 代 数

这一节, 我们来研究一种特殊的分配格 —— 布尔格。

定义 3.5.1   有补的分配格称为**布尔格**, 由布尔格规定的代数系统称为**布尔代数**, 记为 $(B, +, *, \prime, 0, 1)$。

易见布尔格 $(B, +, *, \prime, 0, 1)$ 满足下列性质:

(1) B 是格, 所以运算 $+$ 和 $*$ 满足交换律、结合律、吸收律和幂等律;

(2) B 是分配格, 所以运算 $+$ 关于 $*$ 满足分配律, 运算 $*$ 关于 $+$ 满足分配律;

(3) B 是有界格, 所以对任意的 $a \in B$, 有:

$$a + 0 = a, \ a * 1 = a \ (\text{恒等律})$$
$$a * 0 = 0, \ a + 1 = 1 \ (\text{零律})$$

(4) B 是有补格, 所以对任意的 $a, b \in B$, 有:

$$a + a' = 1, \ a * a' = 0 \ (\text{补律})$$
$$(a + b)' = a' * b', \ (a * b)' = a' + b' (\text{德. 摩根律})$$

例 3.5.1   设集合 $S \neq \varnothing$, 则代数系统 $(\rho(S), \cup, \cap, ^-, \varnothing, S)$ 是布尔代数, 称为集代数。

例 3.5.2　若 $\preceq$，D_n 如例 3.2.5 所示，证明：

(1) 格 $(D_n,\ \preceq)$ 是有界分配格，但不是布尔格；

(2) 若 $n = p_1 p_2 \cdots p_r$，其中 $p_1,\ p_2,\ \cdots,\ p_r$ 是互异素数，则 $(D_n,\ \preceq)$ 是布尔格。

证明：根据数论知识，对 n 进行标准分解：$n = p_1^{k_1} \cdots p_s^{k_s}$，其中 $p_1 < p_2 < \cdots < p_s$ 为互异素数，且 $k_i > 0$，$i = 1,\ 2,\ \cdots,\ s$。

(1) 对任意 $a,\ b,\ c \in D_n$，有：$a = p_1^{a_1} \cdots p_s^{a_s}$，$b = p_1^{b_1} \cdots p_s^{b_s}$，$c = p_1^{c_1} \cdots p_s^{c_s}$，其中 $a_i \geqslant 0$，$b_i \geqslant 0$，$c_i \geqslant 0$，$i = 1,\ 2,\ \cdots,\ s$。

根据定义，有：

$$a * (b + c) = \gcd(a,\ \mathrm{lcm}(b,\ c)) = \prod_{i=1}^{s} p_i^{\min\{a_i,\ \max\{b_i,\ c_i\}\}}$$

$$a * b + a * c = \mathrm{lcm}(\gcd(a,\ b),\ \gcd(a,\ c)) = \prod_{i=1}^{s} p_i^{\max\{\min\{a_i,\ b_i\},\ \min\{a_i,\ c_i\}\}}$$

显然，$\min\{a_i,\ \max\{b_i,\ c_i\}\} = \max\{\min\{a_i,\ b_i\},\ \min\{a_i,\ c_i\}\}$ (想一想，为什么?)。

即 $a * (b + c) = a * b + a * c$。格 $(D_n,\ \preceq)$ 中 1 是最小元，n 是最大元，故 $(D_n,\ \preceq)$ 是有界分配格。根据例 3.4.3，$n = 20$ 时，$(D_n,\ \preceq)$ 不是有补格。即结论成立；

(2) 对任意 $a \in D_n$，根据 n 的选择，有 $a = \prod\limits_{k_i \in \{1,\ 2,\ \cdots,\ r\}} p_{k_i}$，取 $b = \dfrac{n}{a}$。容易验证 $\gcd(a,\ b) = 1$，且 $\mathrm{lcm}(a,\ b) = n$。即 $a,\ b$ 互为补元。

所以，$(D_n,\ \preceq)$ 是布尔格。结论成立。

下面我们从代数系统的角度定义布尔代数。

定义 3.5.2　设集合 B 中至少包含两个元素 (分别记为 0 和 1)，$+,\ *$ 是定义在 B 上的两种二元运算，若运算 $+,\ *$ 满足以下性质：

(1) 交换律，即 $\forall a,\ b \in B$，有

$$a + b = b + a,\ a * b = b * a$$

(2) 分配律，即 $\forall a,\ b,\ c \in B$，有

$$a + (b * c) = (a + b) * (a + c),\ a * (b + c) = (a * b) + (a * c)$$

(3) 恒等律, 即 $\forall a \in B$, 有

$$a + 0 = a, \ a * 1 = a$$

(4) 补律, 即 $\forall a, b \in B$, 存在 $a' \in B$, 有

$$a + a' = 1, \ a * a' = 0$$

则称 $(B, \ +, \ *)$ 是一个**布尔代数**, 其中 0 和 1 分别称为最小元和最大元。

接下来逐步证明上述定义的布尔代数就是一个布尔格。

定理 3.5.1 设 $(B, \ +, \ *)$ 是布尔代数, 对任意元素 $a \in B$, 有 $a + 1 = 1$, $a * 0 = 0$。

证明: 这里我们只证明 $a + 1 = 1$, 等式 $a * 0 = 0$ 可类似证明, 从略。

$$
\begin{aligned}
a + 1 &= (a + 1) * 1 \quad \text{(恒等律)} \\
&= 1 * (a + 1) \quad \text{(交换律)} \\
&= (a + a') * (a + 1) \quad \text{(补律)} \\
&= a + (a' * 1) \quad \text{(分配律)} \\
&= a + a' \quad \text{(恒等律)} \\
&= 1 \quad \text{(补律)}
\end{aligned}
$$

证毕。

定理 3.5.1 的结论就是布尔格中的零律。

为证明布尔代数是布尔格, 只须运算 + 和 * 满足吸收律和结合律即可。

定理 3.5.2 设 $(B, \ +, \ *)$ 是布尔代数, 对任意元素 $a, b \in B$, 有:

$$a + (a * b) = a, \ a * (a + b) = a$$

证明: 这里我们只证明 $a + (a * b) = a$, 等式 $a * (a + b) = a$ 可类似证明, 从略。

$$
\begin{aligned}
a + (a * b) &= (a * 1) + (a * b) \quad \text{(恒等律)} \\
&= a * (1 + b) \quad \text{(分配律)} \\
&= a * 1 \quad \text{(零律)} \\
&= a \quad \text{(恒等律)}
\end{aligned}
$$

证毕。

定理 3.5.2 的结论就是布尔格中的吸收律。为证明结合律, 先证明如下定理。

定理 3.5.3　设 $(B, +, *)$ 是布尔代数，对任意元素 $a, b, c \in B$，若 $a + b = a + c$，$a' + b = a' + c$，则有 $b = c$。

证明：根据已知条件，可得：

$$(a + b) * (a' + b) = (a + c) * (a' + c)$$

即

$$(a * a') + b = (a * a') + c \quad \text{(分配律)}$$

$$0 + b = 0 + c \quad \text{(补律)}$$

$$b = c \quad \text{(恒等律)}$$

证毕。

下面我们来证明布尔格中的结合律。

定理 3.5.4　设 $(B, +, *)$ 是布尔代数，对任意元素 $a, b, c \in B$，有：

$$(a + b) + c = a + (b + c), \quad (a * b) * c = a * (b * c)$$

证明：这里我们只证明 $(a * b) * c = a * (b * c)$，等式 $(a + b) + c = a + (b + c)$ 可类似证明，从略。

根据定理 3.5.3，只须证明 $a + [(a * b) * c] = a + [a * (b * c)]$ 和 $a' + [(a * b) * c] = a' + [a * (b * c)]$ 即可。

$$a + [a * (b * c)] = a \quad \text{(吸收律)}$$
$$a + [(a * b) * c] = [a + (a * b)] * (a + c) \quad \text{(分配律)}$$
$$= a * (a + c) \quad \text{(吸收律)}$$
$$= a \quad \text{(吸收律)}$$

即

$$a + [(a * b) * c] = a + [a * (b * c)]$$
$$a' + [(a * b) * c] = [a' + (a * b)] * (a' + c) \quad \text{(分配律)}$$
$$= [(a' + a) * (a' + b)] * (a' + c) \quad \text{(分配律)}$$
$$= [1 * (a' + b)] * (a' + c) \quad \text{(补律)}$$
$$= (a' + b) * (a' + c) \quad \text{(恒等律)}$$
$$= a' + (b * c) \quad \text{(分配律)}$$

$$a' + [a * (b * c)] = (a' + a) * [a' + (b * c)] \quad (\text{分配律})$$
$$= 1 * [a' + (b * c)] \quad (\text{补律})$$
$$= a' + (b * c) \quad (\text{恒等律})$$

即

$$a' + [(a * b) * c] = a' + [a * (b * c)]$$

证毕。

现在我们可以知道，定义 3.5.1 和定义 3.5.2 是等价的。

下面我们考虑有限布尔代数的结构。先引入一个有关的概念。

定义 3.5.3 设 S 是格，最小元 $0 \in S$，若元素 $a \in S$ 覆盖 0，则 a 称为格 S 的原子。

注 a 是格 S 的原子，当且仅当 $0 \prec a$，且 $0 \prec x \preceq a$ 时，有 $x = a$。

例 3.5.3 设 a_1, a_2 是格 S 的两个原子，且 $a_1 \neq a_2$，则有 $a_1 * a_2 = 0$。

证明： 否则，有 $a_1 * a_2 \neq 0$。则有 $0 \prec a_1 * a_2 \preceq a_1$，且 $0 \prec a_1 * a_2 \preceq a_2$。因为 a_1, a_2 都是格 S 的原子，故 $a_1 = a_1 * a_2 = a_2$，即 $a_1 = a_2$，矛盾。故结论成立。

例 3.5.4 设 S 是布尔代数，且 $a, b \in S$，则以下四条等价：

(1) $a \preceq b$; (2) $a * b' = 0$; (3) $a' + b = 1$; (4) $b' \preceq a'$。

证明： 根据格的对偶原理，有 (1) $\Longleftrightarrow$ (4)，(2) $\Longleftrightarrow$ (3)。故只须证明 (1) $\Rightarrow$ (2) 和 (3) $\Rightarrow$ (1) 即可。

(1) $\Rightarrow$ (2) 因为 $a \preceq b$，所以 $a * b = a$，从而有

$$a * b' = (a * b) * b' = a * (b * b') = a * 0 = 0$$

即 (2) 成立；

(3) $\Rightarrow$ (1) 根据已知条件，有

$$a = a * 1 = a * (a' + b) = (a * a') + (a * b) = 0 + (a * b) = a * b$$

故 $a \preceq b$。结论成立。

引理 3.5.1 设 B 是有限布尔代数，$x \in B$，$x \neq 0$，则存在原子 $a \in B$，使 $a \preceq x$。

证明： 若 x 不是原子，则存在 $x_1 \in B$，使 $0 \prec x_1 \prec x$。若 x_1 不是原子，则存在 $x_2 \in B$，使 $0 \prec x_2 \prec x_1 \prec x$。依次做下去，因为 B 是有限集合，所以存在原子 $x_k = a \in B$，且 $a = x_k \prec \cdots \prec x_2 \prec x_1 \prec x$。证毕。

引理 3.5.2　有限布尔代数 B 中任意非零元 x 可唯一的表示成若干个原子的和。

证明： 令 $A_x = \{a|a$ 是 B 中的原子, $a \preceq x\}$。根据引理 3.5.1, 知 $A_x \neq \varnothing$。不妨设 $A_x = \{a_1, a_2, \cdots, a_m\}$。下面我们证明 $x = a_1 + a_2 + \cdots + a_m$。

设 $y = a_1 + a_2 + \cdots + a_m$, 根据 A_x 的定义, 易见 $y \preceq x$。若 $y \prec x$, 根据例 3.5.4, 得 $x * y' \neq 0$。根据引理 3.5.1, 存在原子 a, 使 $a \preceq x * y'$。即 $a \preceq x$, 且 $a \preceq y'$。从而有 $a \in A_x$。故

$$0 \preceq a \preceq y * y' = 0$$

即 $a = 0$。这与 a 是原子矛盾。所以 $x = a_1 + a_2 + \cdots + a_m$。不考虑上述原子的求和次序, x 的表达式是唯一的。证毕。

注　有限布尔代数 B 中任意非零元 x 可表示为所有小于 x 的原子之和。

定理 3.5.5(Stone 表示定理)　设 B 是有限布尔代数, S 是 B 的全体原子构成的集合, 则 B 同构于集代数 $\rho(S)$。

证明： 对任意 $x \in B$, 设 $A_x = \{a|a$ 是 B 中的原子, $a \preceq x\}$。显然, $A_x \subseteq S$。

定义映射 $\varphi : B \to \rho(S)$, $\varphi(x) = A_x$, 对任意 $x \in B$。下面我们证明 φ 是 B 到 $\rho(S)$ 的同构映射。

对任意 $x, y \in B$, 有 $b \in A_{x*y} \Longleftrightarrow b \in S$, 且 $b \preceq x * y \Longleftrightarrow b \in S, b \preceq x$, 且 $b \preceq y \Longleftrightarrow b \in A_x$, 且 $b \in A_y \Longleftrightarrow b \in A_x \cap A_y$。

即 $A_{x*y} = A_x \cap A_y$。故对任意 $x, y \in B$, 有 $\varphi(x * y) = \varphi(x) \cap \varphi(y)$。

任意 $x, y \in B$, 设 x, y 的原子表示为

$$x = a_1 + a_2 + \cdots + a_n$$
$$y = b_1 + b_2 + \cdots + b_m$$

则有

$$x + y = a_1 + \cdots + a_m + b_1 + \cdots + b_n$$

根据引理 3.5.2, 得

$$A_{x+y} = \{a_1, a_2, \cdots, a_m, b_1, b_2, \cdots, b_n\} = A_x \cup A_y$$

即

$$\varphi(x + y) = \varphi(x) \cup \varphi(y)$$

对任意 $x \in B$, 存在 $x' \in B$, 使 $x + x' = 1$, 且 $x * x' = 0$。故

$$\varphi(x) \cup \varphi(x') = \varphi(x + x') = \varphi(1) = S;$$

$$\varphi(x) \cap \varphi(x') = \varphi(x * x') = \varphi(0) = \varnothing$$

而 $\varnothing$, S 分别是 $\rho(S)$ 的最小元和最大元, 所以, $\varphi(x)' = \varphi(x')$。

综上所述, φ 是 B 到 $\rho(S)$ 的同态映射。下面只须证明 φ 是双射即可。

若 $\varphi(x) = \varphi(y)$, 则有 $A_x = A_y = \{a_1, a_2, \cdots, a_m\}$ 由注, 有 $x = y = a_1 + a_2 + \cdots + a_m$。即 φ 是单射。

对任意 $\{b_1, b_2, \cdots, b_m\} \in \rho(S)$, 令 $x = b_1 + b_2 + \cdots + b_m$, 则有

$$\varphi(x) = A_x = \{b_1, b_2, \cdots, b_m\}$$

故 φ 是满射。即 φ 是双射。证毕。

推论 3.5.1 任意有限布尔代数的基数都是 2^n, 其中 $n \in \mathbf{N}^*$。

推论 3.5.2 任何两个等势的有限布尔代数都是同构的。

定义 3.5.4 若布尔代数 $(B, +, *, ', 0, 1)$ 的非空子集 B_1 关于三种运算 $+, *, '$ 封闭, 则称 $(B_1, +, *, ', 0, 1)$ 是 $(B, +, *, ', 0, 1)$ 的**子布尔代数**。

例 3.5.5 设 B 是布尔代数, 且 $a \in B$, 则 $\{a, a', 0, 1\}$ 是 B 包含 a 的最小子布尔代数。

3.6 习 题 三

1. 设 $*$ 是集合 S 上可交换、可结合的二元运算, 若 a, b 都是 S 上关于 $*$ 的幂等元 (即 $a * a = a$, $b * b = b$), 则 $a * b$ 也是幂等元。

2. 设 $(S, \preceq)$ 是格, a, b, c 是 S 中的元素。证明:

(1) $a * b = a$, 当且仅当 $a + b = b$;

(2) $a * b \neq a$, 且 $a * b \neq b$, 当且仅当 a, b 不可比较;

(3) $a * b = a + b$, 当且仅当 $a = b$;

(4) $(a * b) + (a * c) \preceq a * (b + c)$;

(5) $(a * b) + (c * d) \preceq (a + c) * (b + d)$;

(6) $a + [(a + b) * (a + c)] = (a + b) * (a + c)$。

3. 设 S 是格, 则 S 是全序集, 当且仅当 S 的任一非空子集都是子格。

4. 若 L 是格, a, $b \in L$, 且 $a \prec b$。$L_1 = \{x | a \preceq x \preceq b\}$。证明:$L_1$ 是 L 的子格。

5. 若 $(S, +, *)$ 是格，$\preceq_*$ 是 S 上的二元关系:$a \preceq_* b$，当且仅当 $a * b = a$，则 $\preceq_*$ 是 S 上的偏序关系，且 $(S, \preceq_*)$ 是格。

6. 证明: (1) 元素个数不小于 2 的格中不存在以自身为补元的元素;

(2) 元素个数不小于 3 的全序集不是有补格。

7. 设 S 是有界分配格，S_1 是 S 中所有有补元的元素的集合，证明: $(S_1, \preceq)$ 是 $(S, \preceq)$ 的子格。

8. 若 S 是格，任意三个元素 $a, b, c \in S$，满足 $a * b = a * c$，$a + b = a + c$，可得 $b = c$，证明:S 是分配格。

9. 证明: $(Z, \leqslant)$ 是分配格，其中 Z 为整数集，$\leqslant$ 表示普通的小于等于关系。

10. 设 L 是有界格，0，1 分别是其中最小元与最大元。任意元素 $a, b \in L$，证明:

(1) 若 $a + b = 0$，则 $a = b = 0$;

(2) 若 $a * b = 1$，则 $a = b = 1$。

11. 设集合 $M = \{(a_{ij})_{2 \times 2} | a_{ij} = 0, 1\}$，定义 M 上的二元关系 $\preceq$: $A \preceq B$，当且仅当 $a_{ij} \leqslant b_{ij}$，其中 $i, j = 1, 2$。

(1) 证明: $\preceq$ 是 M 上的一个偏序关系;

(2) 画出偏序集 $(M, \preceq)$ 对应的哈斯图，并指出其中的最大元和最小元;

(3) 证明偏序集 $(M, \preceq)$ 是一个布尔格，并指出其中的所有原子;

(4) 设 $M^{(0)} = \{(a_{ij})_{2 \times 2} | \det((a_{ij})_{2 \times 2}) \neq 0\}$，问 $(M^{(0)}, \preceq)$ 是否为 $(M, \preceq)$ 的子格，为什么?

12. 格 $(S, +, *)$ 是分配格，当且仅当对任意 $a, b, c \in S$，有:$(a + b) * c \preceq a + (b * c)$。

13. 格 $(S, +, *)$ 是模格，当且仅当对任意 $a, b, c \in S$，有:$a + [b * (a + c)] = (a + b) * (a + c)$。

14. 设 $a, b_1, b_2, \cdots, b_r$ 是有限布尔代数 $(B, +, *)$ 的原子，证明:

$$a \preceq b_1 + b_2 + \cdots + b_r，当且仅当存在 i \in \{1, 2, \cdots, r\}，使 a = b_i。$$

15. 在有界格中，若元素 a 被最大元 1 覆盖，则称元素 a 为**反原子**。证明: 在有限布尔代数中，原子的个数必与反原子的个数相等。

第四章 群 论

本章中我们将讨论一个含有一个二元运算的特殊的代数系统 —— 群。群论是近世代数中发展最早、内容最丰富、应用最广泛的一个分支。群论在十八世纪末开始已具雏形，十九世纪三十年代伽罗华 (Variste Galois, 1811-1832，法国) 和阿贝尔 (Niels Henrik Abel，1802-1829，挪威) 关于代数方程可解性的工作大大推进了群的研究工作，对数学的发展做出了重大的贡献。如今群论在各种不同领域 (如量子力学、理论化学等) 中都有广泛而重要的应用，在计算机科学的诸多领域，比如自动机理论、形式语言、语法分析等，都有重要的应用。

4.1 半 群 与 群

定义 4.1.1 代数系统 $(S, \circ)$ 中的运算 $\circ$ 满足结合律，则称 $(S, \circ)$ 为**半群**。

例 4.1.1 若 $+$ 表示普通的加法运算，则 $(\mathbf{Z}, +)$ 是半群。

定义 4.1.2 设 $(S, \circ)$ 是代数系统，$a, b \in S$，对任意 $x \in S$，有：$a \circ x = x$，$x \circ b = x$，则分别称 a, b 是代数系统 $(S, \circ)$ 的**左单位元和右单位元**。

定理 4.1.1 若 $(A, \circ)$ 中既有左单位元，又有右单位元，则左、右单位元相等。

证明：设 e_l, e_r 分别是 $(A, \circ)$ 的左、右单位元。根据左、右单位元的定义，有 $e_l = e_l \circ e_r = e_r$，证毕。

定义 4.1.3 若元素 e 既是 $(S, \circ)$ 的左单位元，又是 $(S, \circ)$ 的右单位元，则称 e 为 $(S, \circ)$ 的**单位元**。

例 4.1.1 中的半群 $(\mathbf{Z}, +)$ 有单位元 0。

例 4.1.2 若 $+$ 表示普通的加法运算，则 $(\mathbf{N}^*, +)$ 是半群，但没有单位元。

定义 4.1.4 设 e 是代数系统 $(S, \circ)$ 的单位元，$a, b \in S$，且 $a \circ b = e$，则称 a 是 b 的**左逆元**，称 b 是 a 的**右逆元**。若 $a \circ b = b \circ a = e$，则称 a, b **互为逆元**。

定义 4.1.5 具有单位元的半群称为**单元半群**。

例 4.1.3 若 $M_n(\mathbf{R})$ 表示实数集 $\mathbf{R}$ 上的 n 阶矩阵的集合，$+$ 表示普通的矩阵加法运算，则 $(M_n(\mathbf{R}), +)$ 是单元半群，单位元是 n 阶零矩阵，$A \in M_n(\mathbf{R})$ 的逆元

是 $-A$。

定理 4.1.2 若单元半群 $(S, \circ)$ 中元素 a 既有左逆元，又有右逆元，则其左、右逆元相等。

证明：设 b, c 分别是 a 的左、右逆元，则有：

$$b = b \circ e = b \circ (a \circ c) = (b \circ a) \circ c = e \circ c = c$$

即 $b = c$，证毕。

根据定理 4.1.4，单元半群 $(S, \circ)$ 中元素 a 既有左逆元，又有右逆元时，则有逆元，记为 a^{-1}。

推论 4.1.1 单元半群中的任意元素至多有一个逆元。

例 4.1.4 设 S 是非空集合，则 $(\rho(S), \cap)$ 及 $(\rho(S), \cup)$ 都是单元半群，其中 S 和 $\varnothing$ 分别是它们的单位元。

定理 4.1.3 若单元半群 $(S, \circ)$ 中元素 a, b 均有逆元，则 $a \circ b$ 也有逆元，且 $(a \circ b)^{-1} = b^{-1} \circ a^{-1}$。

证明：$(a \circ b) \circ (b^{-1} \circ a^{-1}) = a \circ (b \circ b^{-1}) \circ a^{-1} = a \circ a^{-1} = e$；同理可证 $(b^{-1} \circ a^{-1}) \circ (a \circ b) = e$，

故 $(a \circ b)^{-1} = b^{-1} \circ a^{-1}$。证毕。

例 4.1.5 在实数集 $\mathbf{R}$ 上定义二元运算 $*$：$\forall a, b \in R$，$a * b = a + b + ab$，证明：$(\mathbf{R}, *)$ 是单元半群。

证明：易见，运算 $*$ 在在 R 中封闭。对任意元素 $a, b, c \in \mathbf{R}$，有：

$$(a * b) * c = (a + b + ab) + c + (a + b + ab)c = a + b + c + ab + ac + bc + abc$$
$$= a + (b + c + bc) + a(b + c + bc) = a * (b * c)$$

对任意 $a \in \mathbf{R}$，有 $a * 0 = 0 * a = a$，故 0 是 $(\mathbf{R}, *)$ 中的单位元。所以 $(\mathbf{R}, *)$ 是单元半群。结论成立。

接下来我们来介绍群的概念。

定义 4.1.6 若单元半群 S 中每个元素都有逆元，则称 S 是群。

例 4.1.6 例 4.1.1 中的 $(\mathbf{Z}, +)$ 是群，今后我们称这个群为**整数加群**。例 4.1.5 中的半群不是群（想一想，为什么?），$(M_n(\mathbf{R}), +)$ 是群，而 $(M_n(\mathbf{R}), \times)$ 不是群，其中 $\times$ 是普通的矩阵乘法运算。

例 4.1.7　例 3.1.7 中的代数系统 $(Z_m, \oplus)$ 是群，其中单位元是 $[0]_{R_m}$，而元素 $[i]_{R_m}$ 的逆元是 $[m-i]_{R_m}$。今后我们称这个群为**模 m 剩余类加群**，而 $[i]_{R_m}$ 的下标 R_m 也常常省略。

注　设 $\circ$ 是定义在非空集合 S 上的二元运算，则 $(S, \circ)$ 是群，当且仅当下列三条都成立：

(1) $\circ$ 满足结合律；

(2) S 中有单位元 e；

(3) $\forall a \in S$，a 都有逆元 a^{-1}。

定义 4.1.7　若集合 S 是 n 元有限集，且 $(S, \circ)$ 是群，则称 $(S, \circ)$ 为 n **阶有限群**，记为 $|S| = n$，或 $[S:1] = n$。

定义 4.1.8　若群 $(S, \circ)$ 中的运算 $\circ$ 满足交换律，则称 $(S, \circ)$ 为**交换群**或 **Abel 群**。

有限群的运算可以用表格给出，下面是著名的 Klein 四元群。

例 4.1.8　设 $G = \{a, b, c, e\}$，$\circ$ 是 G 上的二元运算，e 是 G 中的单位元，运算结果见表 4-1。则 $(G, \circ)$ 是交换群，称为 **Klein 四元群**。

表 4-1

$\circ$	e	a	b	c
e	e	a	b	c
a	a	e	c	b
b	b	c	e	a
c	c	b	a	e

定理 4.1.4　半群 $(S, \circ)$ 是群，当且仅当对任意 $a, b \in S$，方程 $a \circ x = b$ 与 $y \circ a = b$ 都有解。

证明：$\Rightarrow$ $(S, \circ)$ 是群，则方程 $a \circ x = b$ 的解为 $x = a^{-1} \circ b$，方程 $y \circ a = b$ 的解为 $y = b \circ a^{-1}$。

$\Leftarrow$ 根据已知条件，方程 $a \circ x = a$ 有解，其解是 $(S, \circ)$ 的右单位元，同理，方程 $y \circ a = a$ 的解是 $(S, \circ)$ 的左单位元，即 $(S, \circ)$ 有单位元 e。

从而对任意 $a \in S$，方程 $a \circ x = e$ 与 $y \circ a = e$ 的解分别是 a 的右逆元和左逆元，即元素 a 有逆元。故 $(S, \circ)$ 是群。证毕。

定义 4.1.9　设 $(S, \circ)$ 是代数系统，对任意元素 $a, b, c \in S$，当 $a \circ b = a \circ c$

时, 有 $b = c$, 则称 $(S, \circ)$ 满足**左消去律**, 当 $b \circ a = c \circ a$ 时, 有 $b = c$, 则称 $(S, \circ)$ 满足**右消去律**, 若 $(S, \circ)$ 既满足左消去律, 又满足右消去律, 则称 $(S, \circ)$ 满足**消去律**。

定理 4.1.5　群 $(S, \circ)$ 满足消去律。

证明: 对任意 $a, b, c \in S$, 若 $a \circ b = a \circ c$, 则有:

$$a^{-1} \circ (a \circ b) = a^{-1} \circ (a \circ c)$$

即 $b = c$。故 $(S, \circ)$ 满足左消去律。同理可证, $(S, \circ)$ 满足右消去律。所以, $(S, \circ)$ 满足消去律。证毕。

推论 4.1.2　$(S, \circ)$ 是群, $\forall a, b \in S$, 方程 $a \circ x = b$ 与 $y \circ a = b$ 都有唯一解。

推论 4.1.3　在有限群的运算表中, 每行 (列) 均由不同元素组成。

注　满足消去律的代数系统未必是群。

例 4.1.9　设 $\mathbf{Z}^0$ 是非零整数集, $\times$ 是普通的乘法运算, $(\mathbf{Z}^0, \times)$ 满足消去律, 但不是群。

定理 4.1.6　有限半群 $(S, \circ)$ 是群, 当且仅当 $(S, \circ)$ 满足消去律。

证明: $\Rightarrow$ 根据定理 4.1.5, $(S, \circ)$ 是群时, $(S, \circ)$ 必满足消去律。

$\Leftarrow$ 设有限半群 $S = \{s_1, s_2, \cdots, s_n\}$。对任意 $s \in S$, 取 $S_1 = \{s \circ s_1, s \circ s_2, \cdots, s \circ s_n\}$。则有 $S_1 \subseteq S$。

因为 $(S, \circ)$ 满足消去律, 故 $1 \leqslant i < j \leqslant n$ 时, $s \circ s_i \neq s \circ s_j$, 所以, $|S| = |S_1|$。

因为有限集不可能与其真子集等势, 所以 $S = S_1$。即在 $(S, \circ)$ 中, 方程 $s \circ x = t$ 有解, 同理可证, 方程 $y \circ s = t$ 也有解。

根据定理 4.1.4, 半群 $(S, \circ)$ 是群。证毕。

推论 4.1.4　有限群的子代数是群。

例 4.1.10　群 $(S, \circ)$ 中只有单位元 e 是幂等元。

证明: 显然 $e \circ e = e$, 故 e 是幂等元。

若 a 是幂等元, 则 $a \circ a = a = a \circ e$, 由消去律, 有 $a = e$。故结论成立。

定义 4.1.10　设 $(S, \circ)$ 是代数系统, 对任意 $s \in S$, 存在 $\theta \in S$, 使 $s \circ \theta = \theta \circ s = \theta$, 则称 θ 是**零元**。

例 4.1.11　群 $(S, \circ)$ 中的阶数 $|S| > 1$, 则 S 中没有零元。

证明：若群 $(S, \circ)$ 中有零元，设为 θ。则有 $\theta \neq e$，否则，对任意 $s \in S$，有

$$s = s \circ e = s \circ \theta = \theta$$

故 $|S| = 1$，矛盾。

对任意 $s \in S$，有 $s \circ \theta = \theta \neq e$，即 θ 没有逆元，与 $(S, \circ)$ 是群矛盾，所以群 $(S, \circ)$ 中没有零元。结论成立。

今后，群 $(S, \circ)$ 中的运算符号 $\circ$ 通常写作 $\cdot$ 或省略不写。

例 4.1.12　设 S 是群，任意元素 $a, b \in S$，$n \in \mathbf{N}^*$，证明：$(a^{-1}ba)^n = a^{-1}ba$，当且仅当 $b^n = b$。

证明：　根据定义，有 $(a^{-1}ba)^n = (a^{-1}ba)(a^{-1}ba) \cdots (a^{-1}ba) = a^{-1}b^n a$。所以，$(a^{-1}ba)^n = a^{-1}ba$，当且仅当 $a^{-1}b^n a = a^{-1}ba$，当且仅当 $b^n = b$。故结论成立。

例 4.1.13　设 S 为群，对任意元素 $x \in S$，有 $x^2 = e$，证明：S 是交换群。

证明：根据已知条件，对任意 $s \in S$，有 $s = s^{-1}$。从而，对任意两相异元素 $x, y \in S$，有 $xy = (xy)^{-1} = y^{-1}x^{-1} = yx$，根据定义，$S$ 是交换群。结论成立。

4.2　子　群

定义 4.2.1　若群 S 的子代数 T 是群，则称 T 是 S 的**子群**，记作 $T \leqslant S$。若 T 是 S 的子群，且 $T \subsetneqq S$，则称 T 是 S 的**真子群**，记作 $T < S$。

对任意群 S，$\{e\}$ 及 S 本身都是 S 的子群，称为 S 的**平凡子群**。

例 4.2.1　设 $\mathbf{Z}_2$ 表示全体偶数集，则 $(\mathbf{Z}_2, +)$ 是整数加群 $(\mathbf{Z}, +)$ 的真子群。

定理 4.2.1　设 $(T, \circ)$ 是群 $(S, \circ)$ 的子群，则 $(T, \circ)$ 的单位元就是 $(S, \circ)$ 的单位元，对任意元素 $a \in T$，a 在 T 中的逆元就是 a 在 S 中的逆元。

证明：设 e_T 是子群 T 中的单位元，对任意 $a \in T$，a_T^{-1} 是 a 在 T 中的逆元。则有

$$e_T = e e_T = (e_T^{-1} e_T) e_T = e_T^{-1}(e_T e_T) = e_T^{-1} e_T = e$$

又因为 $a_T^{-1} a = a a_T^{-1} = e_T = e$，所以 $a_T^{-1} = a^{-1}$。证毕。

注　S 的子集 T 关于群 $(S, \circ)$ 的运算 $\circ$ 构成 S 的子群，当且仅当 T 满足下列条件：

(1) T 关于运算 $\circ$ 封闭；

(2) $(T, \circ)$ 有单位元;

(3) T 中每一元素都有逆元。

定理 4.2.2　设 S 是群，T 是 S 的非空子集，则 T 是 S 的子群，当且仅当下列两条成立:

(1) $\forall a, b \in T, ab \in T$;

(2) $\forall a \in T, a^{-1} \in T$。

证明: $\Rightarrow$ 此部分的证明是显然的，略;

$\Leftarrow T \neq \emptyset$，故存在 $a \in T$，由条件 (2)，知 $a^{-1} \in T$，又根据条件 (1)，得 $aa^{-1} \in T$，根据定理 4.2.1 注，T 是 S 的子群，证毕。

定理 4.2.3　设 S 是群，T 是 S 的非空子集，则 T 是 S 的子群，当且仅当 $\forall a, b \in T$，有 $ab^{-1} \in T$。

证明: $\Rightarrow$: 此部分的证明是显然的，略;

$\Leftarrow$: 对任意 $a \in T$，根据假设 $e = aa^{-1} \in T$，且 $a^{-1} = ea^{-1} \in T$，故当 $a, b \in T$，有 $b^{-1} \in T$，且 $ab = a(b^{-1})^{-1} \in T$，由定理 4.2.2，$T$ 是 S 的子群，证毕。

例 4.2.2　设 S 是群，令 $C = \{a | a \in S, \forall x \in S, ax = xa\}$。则 C 是 S 的子群，这样的子群称为 S 的**中心**。

证明: 对任意 $x \in S$，有 $ex = xe$，故 $e \in C$，即 $C \neq \emptyset$。

设 $a, b \in C$，对任意 $x \in S$，有

$$(ab^{-1})x = ab^{-1}(x^{-1})^{-1} = a(x^{-1}b)^{-1} = a(bx^{-1})^{-1} = axb^{-1} = (xa)b^{-1} = x(ab^{-1})$$

根据定理 4.2.3，C 是群 S 的子群，结论成立。

根据中心的定义，交换群 S 的中心是 S 本身，而某些非交换群的中心是 $\{e\}$。

例 4.2.3　设 H 为群 G 的子群，在 G 上定义关系 R: $(a, b) \in R$，当且仅当存在 $h \in H$，使 $a = hb$。证明: R 是 G 上的等价关系。

证明: 因为 H 是 G 的子群，故 $e \in H$，从而，$a = ea$，即 $(a, a) \in R$，所以 R 具有自反性;

若 $(a, b) \in R$，则有 $h \in H$，使 $a = hb$。因为 H 是群，故 $h^{-1} \in H$，且 $b = h^{-1}a$，所以 $(b, a) \in R$，即 R 具有对称性;

若 $(a, b) \in R$，且 $(b, c) \in R$，则存在 $h_1, h_2 \in H$，使 $a = bh_1$，且 $b = h_2c$，故 $a = (h_1h_2)c$，又因为 $h_1h_2 \in H$，所以 $(a, c) \in R$，即 R 具有传递性。

所以 R 是等价关系，结论成立。

例 4.2.4 设 S 为群，$a \in S$，令 $N(a) = \{x|x \in S, ax = xa\}$，证明：$N(a)$ 是 S 的子群，称为 a 的 **正规化子**。

证明：因为 $a \in N(a)$，故 $N(a) \neq \varnothing$。

对任意 $x, y \in N(a)$，有 $ay = ya$，即 $a^{-1}aya^{-1} = a^{-1}yaa^{-1}$，从而有 $ya^{-1} = a^{-1}y$。且

$$(xy^{-1})a = x(y^{-1}a) = x(a^{-1}y)^{-1} = x(ya^{-1})^{-1} = x(ay^{-1}) = (xa)y^{-1} = a(xy^{-1})$$

根据定理 4.2.3，$N(a)$ 是 S 的子群，结论成立。

设 S 是群，对任意元素 $a \in S$，做如下定义：$a^0 = e$，$a^n = a^{n-1}a$，$a^{-n} = (a^{-1})^n$，其中 $n \in \mathbf{N}^*$。

定理 4.2.4 设 S 是群，T 是 S 的非空有限子集，则 T 是 S 的子群，当且仅当对任意两个元素 $a, b \in T$，有 $ab \in T$。

证明：$\Rightarrow$ 此部分的证明是显然的，略；

$\Leftarrow$ 对任意 $a, b \in T$，有 $ab \in T$，故 T 对乘法运算封闭。进而，T 是有限半群。

对任意 $a, b, c \in T$，若 $ab = ac$，根据 (群 S 中的) 消去律，有 $b = c$，根据定理 4.1.6，T 是群，当然是 S 的子群，证毕。

例 4.2.5 设 G 为群，$a \in G$，令 $H = \{a^k|k \in \mathbf{Z}\}$，证明：$H$ 是 G 的子群，称为由 a **生成的子群**，记作 (a)。

证明：因为 $a \in (a)$，故 $(a) \neq \varnothing$。

对任意 $a^m, a^l \in (a)$，根据 (a) 的定义，有 $a^m(a^l)^{-1} = a^{m-l} \in (a)$，根据定理 4.2.3，$(a)$ 是 G 的子群，结论成立。

例 4.2.6 设 H 是群 G 的子群，$x \in G$，令 $xHx^{-1} = \{xhx^{-1}|h \in H\}$，则 xHx^{-1} 是 G 的子群，称为 H 的 **共轭子群**。

证明：因为 $e = xex^{-1} \in xHx^{-1}$，故 $xHx^{-1} \neq \varnothing$。

对任意 $xh_1x^{-1}, xh_2x^{-1} \in xHx^{-1}$，有 $h_1h_2^{-1} \in H$，且

$$(xh_1x^{-1})(xh_2x^{-1})^{-1} = (xh_1x^{-1})xh_2^{-1}x^{-1} = x(h_1h_2^{-1})x^{-1} \in xHx^{-1}$$

根据定理 4.2.3，xHx^{-1} 是 G 的子群。结论成立。

例 4.2.7 设 H 与 K 都是群 G 的子群，令 $HK = \{xy|x \in H, y \in K\}$。证明：$HK$ 为群 G 的子群，当且仅当 $HK = KH$。

证明：$\Leftarrow$ 因为 $e \in H$，且 $e \in K$，故 $e = ee \in HK$，即 $HK = KH \neq \varnothing$。对任意 $x = hk \in HK$，任意 $y = h_1 k_1 \in HK$，则有 $xy^{-1} = (hk)(h_1 k_1)^{-1} = h(kk_1^{-1})h_1^{-1}$，记 $k_2 = kk_1^{-1} \in K$，因为 $HK = KH$，故存在 $h_3 \in H$，$k_3 \in K$，使 $k_2 h_1^{-1} = h_3 k_3$，$xy^{-1} = hh_3 k_3 = (hh_3)k_3 \in HK$，故 HK 是子群；

$\Rightarrow$ 因为 HK 为 G 的子群，故对任意 $x \in HK$，有 $x^{-1} \in HK$，即存在 $h \in H$，且 $k \in K$，使 $x^{-1} = hk$，即 $x = k^{-1}h^{-1} \in KH$，所以 $HK \subseteq KH$，同理可证 $KH \subseteq HK$，即 $HK = KH$，结论成立。

设 G 是一个有限群，如何找出 G 的全部子群呢？下面我们给出一个找出有限群的全部子群的构造性方法。

从第 0 层开始，由下到上，依次生成 G 的全部子群。

首先 $\{e\}$ 是 G 的平凡子群，也是最小的子群，把它放在第 0 层。

任取元素 $a \in G$，$a \neq e$，则 (a) 是由 a 生成的子群。若 $(a) \neq G$，且不存在 (b) 是 (a) 的真子群，则将 (a) 放在第一层，若 G 中所有非单位元生成的子群都等于 G，则构造过程结束，并将 G 放在第 1 层。若 $a, b \in G$，$a \neq b$，但 $(a) = (b)$，此时取 (a)（或 (b)）。

若在第一层中，存在其他因素 b，满足 $(a) \subsetneqq (b)$，同时不存在元素 c，使 $(a) \subsetneqq (c) \subsetneqq (b)$，则 (b) 放在第二层。此外第二层还包含由第一层的子群的并集生成的更大的子群。

任取第一层的两个子群 H_1，H_2，令 $B = H_1 \cup H_2$，若 $H_1 \nsubseteq H_2$，且 $H_2 \nsubseteq H_1$，则 B 不是 G 的子群，只是 G 的子集，将 G 的所有包含 B 的子群的交记作 (B)，即

$$(B) = \cap\{H | B \subseteq H，且 H \leqslant G\}$$

易见 B 是 G 的子群，称为**由 B 生成的子群**。B 中的元素恰为如下形式：

$$a_1 a_2 \cdots a_k, \ k \in \mathbf{N}^*$$

其中 a_i 为 B 中的元素或 B 中元素的逆元。易证 (B) 是包含 H_1 和 H_2 的最小子群。按照这样的方法构造 $(H_1 \cup H_2)$，若 $(H_1 \cup H_2) \neq G$，且第二层不存在其他子群是 $(H_1 \cup H_2)$ 的真子群，则将 $(H_1 \cup H_2)$ 放在第二层，从而由第一层的子群生成第二层的所有子群。当然，有时不同的子群可能会生成相同的新子群。

按照这种方法继续下去，每层构造时先检查是否还有单元素生成的新子群，然

后利用前一层子群的并集生成新子群。因为 G 是有限群, 经过有限步生成后, 则可以得到最高层的唯一的平凡子群 G。此时构造结束。

例 4.2.8 Klein 四元群 $G = \{e, a, b, c\}$ 的全部子群如下:

第 2 层: G;

第 1 层: $(a) = \{e, a\}$, $(b) = \{e, b\}$, $(c) = \{e, c\}$;

第 0 层: $\{e\}$。

任意群的全部子群在包含关系下可以做成一个格 (见习题四第 8 题)。

4.3 循环群与变换群

定义 4.3.1 设 S 是群, $a \in S$, 使等式 $a^k = e$ 成立的最小正整数 k 称为元素 a 的阶(或周期), 记作 $|a|$。若不存在这样的正整数 k, 则称 a 为无限阶元, 记作 $|a| = \infty$。

例 4.3.1 模 6 剩余类加群 $(Z_6, \oplus)$ 中 $|[1]| = 6 = |[5]|$, $|[2]| = 3 = |[4]|$, $|[3]| = 2$, $|[0]| = 1$。

定理 4.3.1 若 a 是群 S 中元素, $|a| = m$, 则有 $a^n = e$, 当且仅当 $m|n$。

证明: $\Leftarrow$: 当 $m|n$ 时, 设 $n = mk$, 则有 $a^n = a^{mk} = (a^m)^k = e^k = e$, 结论成立;

$\Rightarrow$: 若 $a^n = e$, 设 $n = mk + m_0$, 其中 $0 \leqslant m_0 < m$, 所以, 有

$$a^n = a^{mk+m_0} = (a^m)^k a^{m_0} = a^{m_0} = e$$

因为 $|a| = m$, 故 $m_0 = 0$, 所以, $m|n$。证毕。

根据定理 4.3.1, 不难得到如下推论。

推论 4.3.1 若 a, b 是群 S 中元素, e 是其中单位元, 则有:

(1) $|e| = 1$;   (2) $|a| = |a^{-1}|$;

(3) $|ab| = |ba|$;   (4) $|b^{-1}ab| = |a|$。

例 4.3.2 设 $M'_{2\times2}(\mathbf{R})$ 是实数集 $\mathbf{R}$ 上所有的可逆 2 阶方阵的集合, 则 $(M'_{2\times2}(\mathbf{R}), *)$ 是一个群, 其中 $*$ 代表矩阵的普通的乘法运算。在 $(M'_{2\times2}(\mathbf{R}), *)$ 中,

$$\left| \begin{pmatrix} -1 & 1 \\ 0 & 1 \end{pmatrix} \right| = 2, \left| \begin{pmatrix} 0 & 1 \\ 1 & 0 \end{pmatrix} \right| = 2, \text{而} \begin{pmatrix} -1 & 1 \\ 0 & 1 \end{pmatrix} \begin{pmatrix} 0 & 1 \\ 1 & 0 \end{pmatrix} = \begin{pmatrix} 1 & -1 \\ 1 & 0 \end{pmatrix}, \text{且}$$

$$\left| \begin{pmatrix} 1 & -1 \\ 1 & 0 \end{pmatrix} \right| = 6 > 4 = \left| \begin{pmatrix} -1 & 1 \\ 0 & 1 \end{pmatrix} \begin{pmatrix} 0 & 1 \\ 1 & 0 \end{pmatrix} \right|.$$

推论 4.3.2　若 a, b 是交换群 S 中的两个元素, 则有 $|ab| \leqslant |a||b|$。但此结论在非交换群中不成立 (见例 4.3.2)。

定理 4.3.2　有限群中每个元素的阶数都是有限的。

证明: 设 G 是有限群, 对任意元素 $a \in G$, 令 $T = \{a^k | k \in \mathbf{Z}\}$。则有 $T \subseteq G$, 故 T 是有限集。从而, 存在 i, $j \in \mathbf{Z}$, 且 $i < j$, 使 $a^i = a^j$, 即 $a^{j-i} = e$, 所以 $|a|$ 是有限数, 证毕。

例 4.2.5 中的子群 (a) 称为群 G 的以 a 为生成元的**循环子群**。

定义 4.3.2　设 S 是群, 存在元素 $a \in S$, 使等式 $S = (a)$ 成立, 则称 S 为**循环群**, 称 a 为群 S 的**生成元**。

显然, 任一循环群都是交换群。但交换群未必是循环群, Klein 四元群就是一个著名的例子。

例 4.3.3　证明: 有限群 S 中阶数大于 2 的元素必有偶数个。

证明: 对任意元素 $a \in S$, 有 $a^2 = e$, 当且仅当 $a = a^{-1}$。此时, 根据定理 4.3.1, 有 $|a| = 1$, 或 $|a| = 2$。从而, 群中阶数大于 2 的任意元素 a, 必有: $a \neq a^{-1}$。而 $|a| = |a^{-1}|$, 所以, 群 S 中阶数大于 2 的元素必成对出现。

故群 S 中若含有阶数大于 2 的元素, 必有偶数个; 若没有, 0 也是偶数。故结论成立。

例 4.3.4　证明: 偶数阶群中必有 2 阶元。

证明: 根据例 4.3.3 的结论, 此群中阶数大于 2 的元素有偶数个, 而 1 阶元只有单位元一个, 故此群中阶数为 2 的元素必有奇数个, 即至少含有 1 个 2 阶元, 故结论成立。

定理 4.3.3　若 $|a| = \infty$, 则有: $(a) = \{\cdots, a^{-2}, a^{-1}, e, a, a^2, \cdots\}$; 若 $|a| = m$, 则有: $(a) = \{e, a, a^2, \cdots, a^{m-1}\}$。

证明: 若 $|a| = \infty$, 则对任意整数 $m \neq n$, 有 $a^m \neq a^n$, 否则, 不妨设 $m > n$, 则有 $a^{m-n} = e$, 与 $|a| = \infty$ 矛盾, 故

$$(a) = \{\cdots, a^{-2}, a^{-1}, e, a, a^2, \cdots\};$$

若 $|a| = m$，则对任意整数 n，设 $n = mq + r$，其中 $0 \leqslant r < m$，则有：

$$a^n = a^{mq+r} = (a^m)^q a^r = a^r,$$

故对任意整数 n，有 $a^n \in \{e, a, a^2, \cdots, a^{m-1}\}$，从而 $(a) \subseteq \{e, a, a^2, \cdots, a^{m-1}\}$，即 $(a) = \{e, a, a^2, \cdots, a^{m-1}\}$，证毕。

注 循环群的阶等于其生成元的阶。

例 4.3.5 整数加群 $(\mathbf{Z}, +)$ 是循环群，1 和 -1 是其仅有的两个生成元；模 m 剩余类加群 $(\mathbf{Z}_m, \oplus)$ 是循环群，$[1]$ 和 $[m-1]$ 是其两个生成元。

我们自然要问：模 m 剩余类加群 $(\mathbf{Z}_m, \oplus)$ 中除了 $[1]$ 和 $[m-1]$ 之外，还有没有其他生成元呢？这要依赖于 m 的取值情况。

对任意正整数 m，设 $\varphi(m)$ 是不大于 m 且与 m 互素的正整数的个数 (这里的 $\varphi(m)$ 也称为**欧拉函数**)。例如，$\varphi(7) = 6$，$\varphi(12) = 4$。若 p 是素数，则 $\varphi(p) = p - 1$。一般的，模 m 剩余类加群 $(\mathbf{Z}_m, \oplus)$ 有 $\varphi(m)$ 个生成元。即当 $1 \leqslant a \leqslant m$，且 $\gcd(a, m) = 1$ 时，a 都是 $(\mathbf{Z}_m, \oplus)$ 的生成元。更一般的结论见习题四第 15 题。

定理 4.3.4 设 $(G, \circ)$ 是以 a 为生成元的循环群。

(1) 若 $|a| = \infty$，则 $(G, \circ)$ 与 $(Z, +)$ 同构；

(2) 若 $|a| = m$，则 $(G, \circ)$ 与 $(\mathbf{Z}_m, \oplus)$ 同构。

证明：(1) 根据定理 4.3.3，当 $|a| = \infty$ 时，$G = \{\cdots, a^{-2}, a^{-1}, e, a, a^2, \cdots\}$。对任意 $k \in z$，设 $f(a^k) = k$，则 f 是 G 到 $\mathbf{Z}$ 的一个双射，且

$$f(a^m \circ a^n) = f(a^{m+n}) = m + n = f(a^m) + f(a^n)$$

即 f 是群 $(G, \circ)$ 到 $(\mathbf{Z}, +)$ 的同构映射，即 $(G, \circ)$ 与 $(\mathbf{Z}, +)$ 同构；

(2) 类似的，根据定理 4.3.3，当 $|a| = m$ 时，$G = \{e, a, a^2, \cdots, a^{m-1}\}$。对任意 $n \in \mathbf{Z}$，令 $g(a^n) = [n]_{R_m}$，则 g 是 G 到 $\mathbf{Z}_m$ 的一个双射，且

$$g(a^h \circ a^k) = g(a^{h+k}) = [h+k]_{R_m} = [h]_{R_m} \oplus [k]_{R_m} = g(a^h) \oplus g(a^k)$$

即 g 是 $(G, \circ)$ 到 $(\mathbf{Z}_m, \oplus)$ 的一个同构映射，所以，群 $(G, \circ)$ 与 $(\mathbf{Z}_m, \oplus)$ 同构，证毕。

根据定理 4.3.4 及整数加群 $(\mathbf{Z}, +)$ 的结构，下面的结论是显然的。

推论 4.3.3 无限阶循环群有且只有两个生成元。

定理 4.3.5　循环群的子群也是循环群。

证明：设 T 是 $S = (a)$ 的子群。若 $T = \{e\}$，则 $T = (e)$ 显然是循环群。

若 $T \neq \{e\}$，则存在 $t \in \mathbf{N}$，使 $a^t \in T$。令 $k = \min\{t | t \in \mathbf{N}, a^t \in T\}$，因为 $a^k \in T$，故 $(a^k) \subseteq T$。对任意 $a^n \in T$，设 $n = sk + l$，其中 $0 \leqslant l < k$，故

$$a^l = a^{n-sk} = a^n(a^k)^{-s} \in T。$$

根据 k 的定义，知 $l = 0$，故有 $k|n$，从而有 $a^n \in (a^k)$。所以，$T \subseteq (a^k)$。即 $T = (a^k)$ 为循环群，证毕。

例 4.3.6　无限循环群的子群除 $\{e\}$ 之外都是无限群。

证明：设 $S = (a)$ 是无限阶循环群，T 是 S 的子群，且 $T \neq \{e\}$。根据定理 4.3.5 的证明，有 $T = (a^m)$，其中 a^m 为 T 中的最小方幂元。设 $|T| = t$，则有 $|a^m| = t$，故 $a^{mt} = e$，这与 a 是无限阶元矛盾，故结论得证。

接下来，研究另一类常见的群 —— 变换群。它在群论研究中具有非常重要的地位。

定义 4.3.3　设 $T(A)$ 是集合 A 上所有变换组成的集合，群 $(T(A), \circ)$ 的子群称为 A 上的**变换群**，其中 $\circ$ 表示变换的复合运算。A 为有限集时，$(T(A), \circ)$ 称为**置换群**。

例 4.3.7　设集合 $A = \{1, 2, 3\}$，定义 A 上的变换群为

$$S_3 = \{(1), (1, 2), (1, 3), (2, 3), (1, 2, 3), (1, 3, 2)\},$$

其运算表如表 4-2 所示。

表 4-2

$\circ$	(1)	(1, 2)	(1, 3)	(2, 3)	(1, 2, 3)	(1, 3, 2)
(1)	(1)	(1, 2)	(1, 3)	(2, 3)	(1, 2, 3)	(1, 3, 2)
(1, 2)	(1, 2)	(1)	(1, 2, 3)	(1, 3, 2)	(1, 3)	(2, 3)
(1, 3)	(1, 3)	(1, 3, 2)	(1)	(1, 2, 3)	(2, 3)	(1, 2)
(2, 3)	(2, 3)	(1, 2, 3)	(1, 3, 2)	(1)	(1, 2)	(1, 3)
(1, 2, 3)	(1, 2, 3)	(2, 3)	(1, 2)	(1, 3)	(1, 3, 2)	(1)
(1, 3, 2)	(1, 3, 2)	(1, 3)	(2, 3)	(1, 2)	(1)	(1, 2, 3)

定理 4.3.6(Cayley 定理)　任意一个群都与一个变换群同构。

证明：设 $(G, *)$ 是群，下面证明它与 $(T(G), \circ)$ 的某个子群 $(G_1, \circ)$ 同构。

对 $a \in G$，构造一个 G 上的映射 f_a：对任意 $x \in G$，令

$$f_a(x) = x * a$$

设 $G_1 = \{f_a | a \in G\}$。则有 $G_1 \subseteq T(G)$。因为

$$(f_a \circ f_b)(x) = f_b(f_a(x)) = f_b(x * a) = (x * a) * b = x * (a * b) = f_{a*b}(x)$$

即 $f_a \circ f_b = f_{a*b} \in G_1$，根据定理 4.2.4，知 G_1 是 $T(G)$ 的子群。接下来，我们证明两个群 $(G, *)$ 与 $(G_1, \circ)$ 同构。

对任意 $a \in G$，令 $\varphi(a) = f_a$，易见 φ 是 G 到 G_1 的一个一一对应，且 $\varphi(a*b) = f_{a*b} = f_a \circ f_b = \varphi(a) \circ \varphi(b)$，即 φ 是 G 到 G_1 的同构映射，证毕。

所以，在同构的意义下，任何一个群都可以看做一个变换群。

4.4　陪集与拉格朗日定理

引入陪集的概念之前，我们先介绍同余关系和商代数的概念与性质。

定义 4.4.1　设 E 是集合 X 上的等价关系，E 关于代数系统 $(X, \circ)$ 的运算满足代数性质:aEb, cEd 时，有 $(a \circ c)E(b \circ d)$，则称 E 为 $(X, \circ)$ 的**同余关系**，E 的等价类称为**同余类**。

例 4.4.1　模 n 同余关系是代数系统 $(\mathbf{Z}, +)$ 上的同余关系。

例 4.4.2　集合 $\mathbf{N}^*$ 上的关系 $R:xRy$，当且仅当存在 $m \in \mathbf{Z}$，使 $\dfrac{x}{y} = 2^m$，则 R 是等价关系，但不是代数系统 $(\mathbf{N}^*, +)$ 上的同余关系。

思考：例 4.4.2 中的等价关系 R 是不是代数系统 $(\mathbf{N}, *)$ 上的同余关系？其中 $*$ 是自然数集 $\mathbf{N}$ 上的普通的乘法运算。

定义 4.4.2　设 E 是代数系统 $(X, \circ)$ 上的同余关系，称 $(X/E, *)$ 是 $(X, \circ)$ 关于 E 的**商代数**，其中 $[x]_E * [y]_E = [x \circ y]_E$，对任意 $x, y \in X$。

下面我们给出一个判定同余关系的充要条件。

定理 4.4.1　设 E 是集合 X 上的等价关系，则 E 是代数系统 $(X, \circ)$ 上同余关系，当且仅当对任意 $a, b, c \in X$，aEb 时，$(a \circ c)E(b \circ c)$，$(c \circ a)E(c \circ b)$。

证明：若 E 是 $(X, \circ)$ 上的同余关系，且 aEb，则由 E 的自反性，有 cEc，根据同余关系的定义，有 $(a \circ c)E(b \circ c)$，$(c \circ a)E(c \circ b)$，故结论成立；

若 aEb, cEd, 根据已知条件, 有 $(a \circ c)E(b \circ c)$, $(b \circ c)E(b \circ d)$, 由 E 的传递性, 有 $(a \circ c)E(b \circ d)$, 又因为 E 是等价关系, 根据定义, E 是同余关系, 证毕。

下面我们来定义群上的陪集关系。

定义 4.4.3　设 G 是群, H 为 G 的子群, 在 G 上定义关系 R_r: $(a, b) \in R_r$, 当且仅当存在 $ab^{-1} \in H$。则称 R_r 是 G 上关于子群 H 的**右陪集关系**。

注　这里的右陪集关系 R_r 就是例 4.2.3 中的关系 R。

根据上面的注和例 4.2.3, 下面的定理就不证自明了。

定理 4.4.2　右陪集关系是等价关系。

定义 4.4.4　设 R_r 是群 G 关于子群 H 的右陪集关系, 则 R_r 的等价类称为子群 H 在群 G 中的**右陪集**, 对任意 $a \in G$, a 所在的右陪集记为 H_a, a 称为 H_a 的代表元, 即

$$H_a = \{b | b \in G, ab^{-1} \in H\}$$

定理 4.4.3　若 H 是群 G 的子群, 则 $H_a = \{ha | h \in H\}$, 其中 $a \in G$。

证明：为方便起见, 记 $H^0 = \{ha | h \in H\}$。

对 $h \in H$, 有 $h^{-1} = a(ha)^{-1} \in H$, 故 $ha \in H_a$, 即 $H^0 \subseteq H_a$;

设 $b \in H_a$, 根据定义, 有 $ab^{-1} \in H$, 所以 $(ab^{-1})^{-1} = ba^{-1} \in H$, 令 $h = ba^{-1}$, 故 $b = ha \in H_a$, 从而有 $H_a \subseteq H^0$。即 $H_a = H^0$。证毕。

一般的, 我们把 $\{ha | h \in H\}$ 写作 Ha, 即 $Ha = \{ha | h \in H\}$。有的书上, 直接把 Ha 作为右陪集的定义。

下面我们给出一个有用的推论 (其证明请读者给出)。

推论 4.4.1　若 H 是群 G 的子群, 则有:

(1) $H_e = H$;

(2) $H_a = H_b$, 当且仅当 $ab^{-1} \in H$;

(3) $H_a = H$, 当且仅当 $a \in H$;

(4) $Ha \sim H$。

因为右陪集关系是等价关系, 根据定理 2.4.1, 下面的推论是显然的。

注　若 H 是群 G 的子群, 则有:

(1) $a, b \in G$, $H_a = H_b$, 或 $H_a \cap H_b = \varnothing$;

(2) $\cup \{H_a | a \in G\} = G$。

类似的, 我们还可以定义左陪集关系和左陪集。

定义 4.4.5 设 G 是群, H 为 G 的子群, 在 G 上定义关系 R_l: $(a, b) \in R_l$, 当且仅当存在 $a^{-1}b \in H$。则称 R_l 是 G 上关于子群 H 的**左陪集关系**。

定义 4.4.6 设 R_l 是群 G 关于子群 H 的左陪集关系, 则 R_l 的等价类称为子群 H 在群 G 中的**左陪集**, 对任意 $a \in G$, a 所在的左陪集记为 $_aH$, a 称为 $_aH$ 的代表元, 即

$$_aH = \{b \mid b \in G, a^{-1}b \in H\}$$

下面的结论与右陪集关系的结论是平行的, 证明也是完全类似的。这里只列出这些结论, 而略去它们的证明。

定理 4.4.4 左陪集关系是等价关系。

定理 4.4.5 若 H 是群 G 的子群, 则 $_aH = \{ah \mid h \in H\} \triangleq aH$。

思考: 一般的, (左) 右陪集关系是不是同余关系呢? 满足什么条件的 (左) 右陪集关系是同余关系呢?

设 G 是群, H 为 G 的子群, 对任意 $a \in G$, 一般的, $_aH \neq H_a$。但是我们有如下定理。

定理 4.4.6 若 H 是群 G 的子群, 对任意 $a \in G$, 有: $\{_aH \mid a \in G\} \sim \{H_a \mid a \in G\}$。

证明: 令 $S_l = \{_aH \mid a \in G\}$, $S_r = \{H_a \mid a \in G\}$, 现构造映射 $f: S_r \longrightarrow S_l$, 对任意 $a \in G$, 有: $f(H_a) = _{a^{-1}}H$。

对任意两个元素 $a, b \in G$, 有: $H_a = H_b \Leftrightarrow ab^{-1} \in H \Leftrightarrow (ab^{-1})^{-1} = (b^{-1})^{-1}a^{-1} \in H \Leftrightarrow _{a^{-1}}H = _{b^{-1}}H$。

所以, f 是单射;

对任意 $_bH \in S_l$, 有 $H_{b^{-1}} \in S_r$, 且 $f(H_{b^{-1}}) = _{(b^{-1})^{-1}}H = _bH$, 所以, f 是满射。

即 f 是双射, 所以, $\{_aH \mid a \in G\} \sim \{H_a \mid a \in G\}$。证毕。

例 4.4.3 设 $G = (\mathbf{Z}, +)$, $H = \{km \mid k \in \mathbf{Z}\}$, 易证 H 是 G 的子群。且 $H0 = 0H = \{km \mid k \in \mathbf{Z}\}$, $H1 = 1H = \{km+1 \mid k \in \mathbf{Z}\}$, $\cdots$, $H(m-1) = (m-1)H = \{km+m-1 \mid k \in \mathbf{Z}\}$ 为 H 的所有左 (右) 陪集。

定义 4.4.7 有限群 G 关于子群 H 的左 (右) 陪集的个数称为子群 H 的**指数**, 记作 $[G:H]$。

定理 4.4.7(**Langrange 定理**)　若 G 为有限群, H 是 G 的子群, 则有

$$|G| = [G : H][H : 1]$$

证明: 设 $[G : H] = m$, 则存在 $a_1, a_2, \cdots, a_m \in G$, 使 $G = \bigcup\limits_{i=1}^{m} a_i H$, 且 $a_i \neq a_j$ 时, $a_i H \cap a_j H = \varnothing$, 而 $|a_i H| = |H|$, 其中 $i \in \{1, 2, \cdots, m\}$。

所以, $|G| = \sum\limits_{i=1}^{m} |a_i H| = m|H| = [G : H][H : 1]$。证毕。

推论 4.4.2　若 G 为有限群, H 是 G 的子群, 则有 $|H|\,|\,|G|$。

推论 4.4.3　若 G 为 n 阶群, 则有: 对任意 $a \in G$, $|a|\,|\,n$, 且 $a^n = e$。

注　推论 4.4.3 的逆命题不成立。Klein 四元群就是一个反例 (想一想, 为什么?)。

推论 4.4.4　素数阶群必为循环群。

证明: 设 G 为 p 阶群, 其中 p 为素数。则有 $p \geqslant 2$。故 G 中含有非单位元 a, 取 $H = (a)$, 则有 $|a|\,|\,p$, 且 $|a| > 1$。所以 $|(a)| = |a| = p$, 从而, 有 $G = (a)$。证毕。

例 4.4.4　设 p 为素数, 则 $p^m (m \in \mathbf{N}^*)$ 阶群中必包含一个 p 阶子群。

证明: 设 G 为 $p^m > 1$ 阶群。则存在元素 $a(\neq e) \in G$。设 $|a| = n$, 则 $(a) = \{e, a, a^2, a^3, \cdots, a^{n-1}\}$ 为 G 的子群。

根据推论 4.4.2, 有 $n | p^m$。因为 p 是素数, 故 $n = p^t$, 其中 $t \geqslant 1$ 为正整数。

若 $t = 1$, 则有 $n = p$, 即 (a) 是群 G 的 p 阶子群;

若 $t > 1$, 令 $b = a^{p^{t-1}}$, 则有 $b^p = (a^{p^{t-1}})^p = a^{p^t} = a^n = e$, 从而 (b) 是 G 的 p 阶子群。结论成立。

例 4.4.5　6 阶群中必含有 3 阶元。

证明: 设群 G 满足 $|G| = 6$。根据推论 4.4.3, 对任意 $a \in G$, 有 $|a|\,|\,6$。

若 $|a| = 6$, 则 $|a^2| = 3$。结论得证; 若 G 中不含 6 阶元, 则 G 中必含有 3 阶元。否则, G 中只有 1 阶元和 2 阶元, 即对任意 $a \in G$, 有 $a^2 = e$, 根据例 4.1.13, G 是交换群, 取 G 中两相异 2 阶元 a, b, 则 $H = \{e, a, b, ab\}$ 是 G 的子群。但 $4 \nmid 6$, 与推论 4.4.2 矛盾。故结论成立。

4.5　正规子群与商群

定义 4.5.1　若 H 是群 G 的子群, 对任意 $a \in G$, 都有: $aH = Ha$, 则称为 H

为 G 的**正规子群**(或称为**不变子群**), 记作 $H \trianglelefteq G$。

一般的, 任一群 G 都有两个正规子群 $\{e\}$ 和 G。显然, 交换群的任一子群都是正规子群。

例 4.5.1 群 G 的中心 $C = \{c | c \in G, \forall x \in G, xc = cx\}$ 是 G 的正规子群。

下面给出关于正规子群的几个等价命题。

定理 4.5.1 设 H 是群 G 的子群, 则下列命题等价:

(1) H 为 G 的正规子群;

(2) 对任意 $a \in G$, $aHa^{-1} = H$;

(3) 对任意 $a \in G$, $aHa^{-1} \subseteq H$;

(4) 对任意 $a \in G$, $h \in H$, 有 $aha^{-1} \in H$。

证明: (1) $\Longrightarrow$ (2) 对任意 $a \in G$, 有 $aH = Ha$, 故 $aHa^{-1} = Haa^{-1} = He = H$, 结论成立;

(2) $\Longrightarrow$ (3), (3) $\Longrightarrow$ (4) 都是显然的, 略;

(4) $\Longrightarrow$ (1) 对任意 $a \in G$, $h \in H$, 有 $aha^{-1} \in H$, 所以, 存在 $h_1 \in H$, 使 $ah^{-1}a = h_1$, 故 $ah = h_1 a \in Ha$, 即 $aH \subseteq Ha$。对任意 $ha \in Ha$, 因为 $a^{-1} \in G$, 所以 $a^{-1}h(a^{-1})^{-1} = a^{-1}ha \in H$, 从而存在 $h_2 \in H$, 使 $a^{-1}ha = h_2$, 即 $ha = ah_2 \in aH$。所以, $Ha \subseteq aH$。我们有 $aH = Ha$, 即 H 是 G 的正规子群。证毕。

例 4.5.2 设 G 是全体 $n(n \geqslant 2)$ 阶实可逆矩阵的集合关于矩阵的乘法做成的群, 且 $H = \{\boldsymbol{X} | \boldsymbol{X} \in G, \det(\boldsymbol{X}) = 1\}$。则 H 是 G 的正规子群。

证明: 因为单位矩阵 $\boldsymbol{I} \in H$, 故 $H \neq \varnothing$。

对任意 $\boldsymbol{M}_1, \boldsymbol{M}_2 \in H$, 有 $\det(\boldsymbol{M}_1 \boldsymbol{M}_2^{-1}) = \det(\boldsymbol{M}_1)\det(\boldsymbol{M}_2^{-1}) = 1$。即 $\boldsymbol{M}_1 \boldsymbol{M}_2^{-1} \in H$, 故 H 是群 G 的子群。下面证明 H 的正规性。

对任意 $\boldsymbol{A} \in G$, $\boldsymbol{M} \in H$, 有 $\det(\boldsymbol{A}\boldsymbol{M}\boldsymbol{A}^{-1}) = \det(\boldsymbol{A})\det(\boldsymbol{M})\det(\boldsymbol{A}^{-1}) = \det(\boldsymbol{A})\det(\boldsymbol{A}^{-1}) = 1$, 故 $\boldsymbol{A}\boldsymbol{M}\boldsymbol{A}^{-1} \in H$, 根据定理 4.5.1, H 是 G 的正规子群。结论成立。

例 4.5.3 设 H 是群 G 的正规子群, 且 $|H| = 2$, 证明:

$$H \subseteq C \triangleq \{c | c \in G, \forall x \in G, xc = cx\}$$

证明: 设 $H = \{e, h\}$。对任意 $x \in G$, 有 $xH = Hx$。即 $\{x, xh\} = \{x, hx\}$, 从而 $xh = hx$。所以, $h \in C$。自然地, $e \in C$。故 $H \subseteq C$, 结论成立。

例 4.5.4　设 H 是群 G 的子群，且 $[G:H] = 2$，证明：

(1) H 是 G 的正规子群；

(2) 对任意 $a \in G$，有：$a^2 \in H$。

证明： (1) 因为 $[G:H] = 2$，故 G 关于子群 H 有两个右陪集，即 $G = H \cup Ha$，其中 $a \notin H$。同理可得 $G = H \cup aH$，其中 $a \notin H$。

故对任意 $a \in H$，有 $aH = H = Ha$；对任意 $a \in G \backslash H$，有 $aH = G \backslash H = Ha$。根据定义，H 是 G 的正规子群。

(2) 对任意 $a \in G$，若 $a \in H$，当然有 $a^2 \in H$；若 $a \in G \backslash H$，有 $a^2 \in H$，否则 $a^2 \in G \backslash H = aH$，即存在 $h \in H$，使 $a^2 = ah$，故 $a = h \in H$，与 $a \in G \backslash H$ 矛盾，故结论成立。

例 4.5.5　设 G 是群，A，B 都是 G 的子群，且 A，B 中有一个是正规子群，则有：$AB = BA$。

证明： 根据例 4.2.7，只需证明 AB 也是 G 的子群即可。

不失一般性，不妨设 A 是正规子群。对任意 a_1，$a_2 \in A$，b_1，$b_2 \in B$，有 $a_1 b_1 \in AB$，$a_2 b_2 \in AB$。因为 A 是正规子群，故存在 $a_3 \in A$，使 $b_2^{-1} a_2^{-1} = a_3 b_2^{-1}$。所以

$$a_1 b_1 (a_2 b_2)^{-1} = a_1 b_1 b_2^{-1} a_2^{-1} = a_1 b_1 a_3 b_2^{-1}。$$

由 A 的正规性，知存在 $a_4 \in A$，使 $a_4 b_1 = b_1 a_3$，故

$$a_1 b_1 (a_2 b_2)^{-1} = a_1 a_4 b_1 b_2^{-1} \in AB。$$

即 AB 是 G 的子群。故结论成立。

注　例 4.5.5 的证明也可以利用两个集合之间的相互包含来得到，作为练习，读者不妨试一试。

定理 4.5.2　群 G 的正规子群 H 确定的陪集关系 H_r 是 G 的同余关系。

证明： 根据同余关系的定义，我们只须证明，若 $aH_r b$，$cH_r d$，必有 $(ac)H_r(bd)$。根据右陪集关系的定义，只须证明 $(ac)(bd)^{-1} \in H$ 即可。

设 $cd^{-1} = h_1$，我们有 $(ac)(bd)^{-1} = acd^{-1}b^{-1} = ah_1 b^{-1}$。因为 $h_1 b^{-1} \in Hb^{-1} = b^{-1}H$，故存在 $h_2 \in H$，使 $ah_1 = h_2 a$，从而，有 $(ac)(bd)^{-1} = h_2 ab^{-1} = h_2 h_3 \in H$，其中 $h_3 = ab^{-1}$。证毕。

定义 4.5.2　若 H 是群 G 的正规子群，令 $G/H = \{Ha | a \in G\}$，对任意 a，$b \in G$，$Ha * Hb = Hab$，则 $(G/H, *)$ 称为群 G 关于子群 H 的**商群**。

注 1　商群 $(G/H, *)$ 中的 G/H 就是 G 关于陪集关系 H_r 的商代数。

注 2　商群 $(G/H, *)$ 中的单位元是 $He = H$，对任意元素 $a \in G$，此商群中元素 Ha 的逆元是 Ha^{-1}。

例 4.5.6　整数加群 $(\mathbf{Z}, +)$ 中的 $H_m = (m)$ 是正规子群，$\mathbf{Z}$ 关于 H_m 的商群为

$$\mathbf{Z}/H_m = \{(m)k | k \in \mathbf{Z}\} = \{[0], [1], \cdots, [m-1]\}$$

即我们常见的模 m 剩余类加群。

4.6　习　题　四

1. 设 $(S, *)$ 是半群，当 $a, b \in S$，且 $a \neq b$ 时，有 $a*b \neq b*a$。证明：

(1) 对任意 $a \in S$，$a * a = a$；

(2) 对任意 $a, b \in S$，$a * b * a = a$；

(3) 对任意 $a, b, c \in S$，$a * b * c = a * c$。

2. 设 $(B, +, *, ', 0, 1)$ 是布尔代数，问 $(B, +)$ 及 $(B*)$ 是否是半群、单元半群或群？是否满足消去律？为什么？

3. 设 $\mathbf{R}$ 是实数集，在 $\mathbf{R} \times \mathbf{R}$ 上定义运算 $\star$: $(x_1, y_1) \star (x_2, y_2) = (x_1 + x_2, y_1 + y_2)$，证明：$(\mathbf{R} \times \mathbf{R}, \star)$ 是群。

4. 设 $(G, \circ)$ 是群，$u \in G$，对任意元素 $a, b \in G$，令 $a * b = a \circ u^{-1} \circ b$，证明：$(G, *)$ 是群。

5. 设 $(B, +, *, ', 1, 0)$ 是一个布尔代数，在 B 上定义二元运算 $\oplus$ 为

$$a \oplus b = (a * b') + (a' * b)，对 a, b \in B$$

证明：$(B, \oplus)$ 是一个 Abel 群。

6. 设 G 为非交换群，则 G 中必有非单位元 a, b，使 $ab = ba$。

7. 设 G 为群，H, K 都是 G 的子群，证明：

(1) $H \cap K$ 是 G 的子群；

(2) $H \cup K$ 是 G 的子群当且仅当 $K \subseteq H$，或 $H \subseteq K$。

8. 设 G 是群，令 $L(G) = \{H | H 是 G 的子群\}$。在 $L(G)$ 上定义关系 R: ARB，当且仅当 A 是 B 的子群。证明：

(1) R 是 $L(G)$ 上的偏序关系;

(2) $(L(G), R)$ 是格 (称为**子群格**)。

9. 设 H_1, H_2 都是群 G 的子群, 且它们都不相互包含, 则存在元素 $x \in G$, 使 $x \notin H_1$, $x \notin H_2$。

10. 任意一个群不可能写作两个真子群的并。

11. 设 S 为群, a, b 为 S 中的元素, $ab = ba$, 且 $|a| = m$, $|b| = n$, $\gcd(m, n) = 1$, 则有: $|ab| = mn$。

12. 设 $\mathbf{Z}_n = \{[0], [1], \cdots, [n-1]\}$ 是整数模 n 剩余类集合, 另一集合为 $\mathbf{Z}_n^{(0)} = \{[k]|[k] \in \mathbf{Z}_n, \gcd(k, n) = 1\}$, 在 $\mathbf{Z}_n$ 和 $\mathbf{Z}_n^{(0)}$ 上定义运算 "$*$" 如下: 对 $\mathbf{Z}_n$ 和 $\mathbf{Z}_n^{(0)}$ 中任意元素 $[i]$, $[j]$, 有: $[i] * [j] = [ij]$,

(1) 证明: $(\mathbf{Z}_n, *)$ 是半群, 但不是群;

(2) 证明: $(\mathbf{Z}_n^{(0)}, *)$ 是群;

(3) 求 $(\mathbf{Z}_n^{(0)}, *)$ 中元素 $[n-1]$ 的阶数。

13. 证明: 任意一个无限群都有无穷多个子群。

14. 试构造一个无限群, 使其中每一个元素的阶数都是有限的。

15. 设 G 是以 a 为生成元的 n 阶循环群, 且 $b = a^k$。证明:

(1) $|b| = \dfrac{n}{\gcd(n, k)}$;

(2) b 是 G 的生成元, 当且仅当 $\gcd(n, k) = 1$。

16. 设 $\mathbf{Q}$ 为有理数集, 令

$G = \{f_{ab}|a, b \in \mathbf{Q}, \forall x \in G, f_{ab}(x) = ax + b\}$;

$G_1 = \{g_a|a \in \mathbf{Q}, \forall x \in G, g_a(x) = x + a\}$。

证明: (1) $(G, \circ)$ 是 $\mathbf{Q}$ 上的变换群, 其中 $\circ$ 表示变换的复合运算;

(2) $(G_1, \circ)$ 是 $(G, \circ)$ 的子群。

17. 设 e 是群 G 中的单位元, 其有限子群只有 $\{e\}$。在 G 上定义关系 $R:aRb$, 当且仅当存在 $m \in \mathbf{Z}^+$, 使 $a = b^m$, 其中 $\mathbf{Z}^+$ 是非负整数集。

证明:R 是 G 上的偏序关系。

18. 证明: 任一群 G 的子群 H 所确定的陪集中只有一个是子群。

19. 证明: 阶数小于 6 的群必为交换群。

20. 证明命题: 设 $G = (a)$ 为一个 n 阶循环群, 则对 n 的每个正因子 d, G 中

恰有一个 d 阶子群。

21. 证明下列命题:

(1) 若 G 是奇数阶有限群,则对任意 $a \in G$,方程 $x^2 = a$ 有解;

(2) 若 G 是有限群,对任意 $a \in G$,方程 $x^2 = a$ 有唯一解,则 $|G|$ 是奇数。

22. 证明命题:若有限交换群 G 的所有元素的乘积不等于单位元 e,则 $|G|$ 必是偶数。

23. 设 H 是群 G 的子群,且 $N(H) = \{x | x \in G, xHx^{-1} = H\}$,证明:

(1) $N(H)$ 是 G 的子群,称为 H 的**正规化子**;

(2) H 是 G 的正规子群,当且仅当 $N(H) = G$。

24. 证明命题:设 H 是群 G 的子群,且 G 的其他子群都不 H 与等势,则 H 是 G 的正规子群。

25. 证明命题:设 G_1, G_2 都是群 G 的正规子群,则 $G_1 G_2$ 是 G 的正规子群。

26. 证明命题:设 $G = (a)$ 为 a 生成的循环群,且 H 为 G 的子群,$[G : H] = m$,则 G/H 均为 m 阶循环群,且 $e, a, \cdots, a^{m-1}$ 可作为陪集的代表。

第五章 图　　论

图论作为数学的一个分支已有两百多年的历史。图论最初起源于一些著名的智力游戏，如哥尼斯堡七桥问题，四色猜想问题，哈密尔顿环球旅行问题等。1736 年欧拉 (Leonhard Euler，1707–1783，瑞士) 发表了关于哥尼斯堡七桥问题的论文，被公认为是关于图论的第一篇论文，欧拉因而获得了"图论之父"的美名；1847 年，基尔霍夫 (Gustay Robert Kirchhoff，1824–1887，德国) 利用图论分析电路网络中的电流问题，发表了图论应用在工程技术领域的第一篇论文；1857 年，凯莱 (Arthur Cayley，1821–1895，英国) 应用树的概念，解决了有机化学中同分异构体的计数问题，开创了图论面向实际应用的成功先例，吸引了更多领域的学者进行图论的应用研究；1936 年匈牙利数学家科尼希 (Dénes Kőnig, 1884–1944，匈牙利) 写了第一本图论专著《有限图与无限图的理论》。至此，图论才基本形成数学的一个新分支。

近几十年来，随着科学技术的发展，图论的研究也取得了突飞猛进的进步，应用范围也愈加广泛，已日益渗透到运筹学、控制论、网络理论、信息论、博弈论、理论化学、社会学及计算机科学等各个领域中。特别是在计算机科学领域，如语言、算法、数据库、操作系统、人工智能等方面，图论已成为一门重要的数学工具。

本章中我们只介绍图论的基础知识。关于图论的更专业的知识，读者可参阅 [5]。

5.1　图的基本概念

先来介绍一个有趣的例子 — 哥尼斯堡七桥问题。

十八世纪时，欧洲的哥尼斯堡城位于普雷格尔 (Pregel) 河畔，河中有两个小岛，有七座桥使两个小岛与两岸陆地相连，如图 5-1 所示。

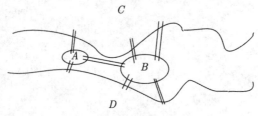

图 5-1

该城的居民热衷于这样一种游戏: 从 A, B, C, D 四块陆地中的任意一块出发, 经过每座桥一次且仅一次, 最后再回到原地。当地人做了许多次尝试都没有成功。有人写信向大数学家欧拉请教。最后欧拉给出了问题的解。首先将四块陆地抽象成四个结点, 凡陆地间有桥相连的, 便在对应结点间连一条边, 从而图 5-1 可以改画为图 5-2。

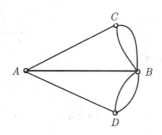

图 5-2

这样, 哥尼斯堡七桥问题就可以描述为: 在图 5-2 中, 能否从 A, B, C, D 中的任一结点出发, 经过每条边一次且仅一次而返回出发点?

欧拉证明了这样的回路是不存在的。因为若存在这样的回路, 则与每个结点的关联的边数必须是偶数 (到达的次数必须等于离开的次数)。显然图 5-2 是不符合要求的, 所以这样的回路是不存在的。这样哥尼斯七桥问题完全解决了。从此, 一门崭新的学科 —— 图论产生了。

定义 5.1.1 设 V 是一个非空集合, E 是 V 中元素对的集合, 称有序对 (V, E) 为图, 记作 $G = (V, E)$。V 称为图 G 的**顶点集**, V 中的元素称为图的顶点。

定义 5.1.2 在图 $G = (V, E)$ 中, E 中元素是无序 (有序) 对, 则其称为 G 的**边 (弧)**, E 称为图 G 的**边集 (弧集)**, 称 G 为**无向图 (有向图)**。

定义 5.1.3 在图 $G = (V, E)$ 中, $e = uv \in E$, 则称边 e 与顶点 u(或 v)**关联**, 称顶点 u 与 v**相邻**。若弧 $e = uv$, 则称 u 是 e 的**起点**, v 是 e 的**终点**。

定义 5.1.4 在图 $G = (V, E)$ 中, $e = uu \in E$, 则称边 e 是**环**(loop), 若连接顶点 u 与 v 的有不止一条边, 则称为**多重边**。没有环也没有多重边的图称为**简单图**。

定义 5.1.5 在图 $G = (V, E)$ 中, 若 V, E 都是有限集, 则称 G 为**有限图**, 否则称为**无限图**。

今后除做特别说明之外, 书中提到的无向图都是有限简单图。

定义 5.1.6 在图 $G_1 = (V_1, E_1)$ 与 $G_2 = (V_2, E_2)$ 中, 若 $V_1 = V_2$, $E_1 =$

E_2，则称 G_1 与 G_2 **相等**，记为 $G_1 = G_2$。

定义 5.1.7　对于图 $G_1 = (V_1, E_1)$ 与 $G_2 = (V_2, E_2)$，若存在从 V_1 到 V_2 的双射 f，使 $uv \in E_1$，当且仅当 $f(u)f(v) \in E_2$，则称 G_1 与 G_2 为**同构**，记为 $G_1 \cong G_2$。

例 5.1.1　图 5-3 中的两个图 G_1 与 G_2 同构。

图 5-3

注　一对同构图可以看做是同一个图的顶点的两种不同的标号方式。

定义 5.1.8　对于图 $G_1 = (V_1, E_1)$ 与 $G = (V, E)$，

(1) 若 $V_1 \subseteq V$，$E_1 \subseteq E$，则称 G_1 是 G 的**子图**，记作 $G_1 \subseteq G$；

(2) 若 $V_1 \subseteq V$，$E_1 \subseteq E$，$E_1 \neq E$，则称 G_1 是 G 的**真子图**，记作 $G_1 \subsetneqq G$；

(3) 若 $V_1 = V$，$E_1 \subseteq E$，则称 G_1 是 G 的**生成子图**。

定义 5.1.9　对于图 $G = (V, E)$，若 $V_1 \subseteq V$，则以 V_1 为顶点集，两顶点均在 V_1 中的边组成边集 E_1 的图 G_1 称为 G **由顶点集 V_1 导出的子图**，记作 $G[V_1]$；若 $E_2 \subseteq E$，则以 E_1 为边集，以 E_2 中的边关联的顶点组成顶点集 V_2 的图 G_2 称为 G **由边集 E_2 导出的子图**，记作 $G[E_2]$。

例 5.1.2　图 5-4 中的，图 G_1 是图 G 由顶点子集 v_1，v_2，v_3，v_4 导出的子图，而 G_2 是 G 由边子集 $\{e_1, e_2, e_3\}$ 导出的子图。

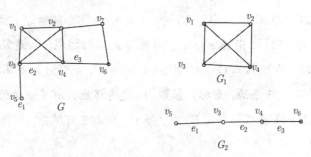

图 5-4

定义 5.1.10　在图 $G = (V, E)$ 中，对任意 $v \in V$，G 中与 v 关联的边数，称为顶点 v 的**度**，记作 $d_G(v)$，或简记作 $d(v)$。度为偶数的点称为**偶点**，度为奇数的点称为**奇点**。

在有向图中，顶点 v 的度又可分为出度 $d^+(v)$ 和入度 $d^-(v)$，它们分别表示以 v 为起点和以 v 为终点的弧数。

定理 5.1.1　在图 $G = (V, E)$ 中必有：元素 $\displaystyle\sum_{v \in V(G)} d(v) = 2|E|$。

证明：计算图 G 的所有点的度之和，每条边 e 都被计算了恰好两次，故结论成立。证毕。

推论 5.1.1　任意图中必有偶数个奇点。

推论 5.1.2　在有向图 $G = (V, E)$ 中必有：$\displaystyle\sum_{v \in V(G)} d^+(v) = |E| = \sum_{v \in V(G)} d^-(v)$。

定义 5.1.11　对于图 $G = (V, E)$ 中，定义图 $G' = (V, \overline{E})$，其中 $uv \notin E$，当且仅当 $uv \in \overline{E}$，这样的图 G' 称为 G 的**补图**，记为 $\overline{G}$。

下面介绍几类特殊的图。

一个图中任意两点间都有一条边相连，对应的图称为**完全图**，n 阶完全图记作 K_n。

类似的，一个有向图中任意两点间都有一条弧相连，对应的图称为**竞赛图**，n 阶竞赛图记作 T_n。

在图 $G = (V, E)$ 中，$V = V_1 \cup V_2$，且 $V_1 \cap V_2 = \varnothing$，$e = uv \in E$，$u \in V_1$，$v \in V_2$，这样的图称为**偶图**(或**二部图**)，通常记为 $(V_1, V_2; E)$。在二部图 $(V_1, V_2; E)$ 中，若 V_1 中每个顶点都与 V_2 中每个顶点相邻，则此图称为**完全二部图**，记为 K_{n_1, n_2}，其中 $|V_1| = n_1$，$|V_2| = n_2$。

在图 $G = (V, E)$ 中，对任意 $v \in V$，$d(v) = k$，则称图 G 为 k- **正则图**。比如 K_n 是 $(n-1)$- 正则图，$K_{n, n}$ 是 n- 正则图。

例 5.1.3　证明下列各题：

(1) 若 $k > 0$，则 k- 正则二部图 G 中必有一个二部划分 (X, Y)，使 $|X| = |Y|$；

(2) 在人数不小于 2 的人群中必有两个人在人群内有相同个数的朋友。

证明：(1) 因为 $\displaystyle\sum_{v \in X} d(v) = |E(G)| = \sum_{v \in Y} d(v)$，且 G 为 k- 正则图，故 $k|X| = k|Y|$，又因为 $k > 0$，所以 $|X| = |Y|$。结论得证。

(2) 将人群内每个人看做图的一个顶点，若两人相互认识，则对应顶点间连一条边。显然对应的图是一个简单图。这样只须证明在一个 n 阶简单图 G 中，必有两个等度点。否则，设 G 中各点度均互异，则有最大度 $\Delta \geqslant n-1$。下面分两种情形讨论：

情形 1：$\Delta = n-1$。此时必有最小度 $\delta \geqslant 1$。1 到 $n-1$ 的正整数中分配给 n 个顶点，必有两个顶点具有相等的度，矛盾。

情形 2：$\Delta > n-1$。此时与 G 是简单图矛盾。

故结论成立。

定义 5.1.12　图 $G = (V, E)$ 中的点边交替序列 $W = v_0 e_1 v_1 e_2 v_2 \cdots e_k v_k$（其中 $e_i = v_{i-1} v_i$, $i = 1, 2, \cdots, k$）称为图 G 中的**途径**，v_0 及 v_k 分别称为途径 W 中的**起点和终点**，点 $v_1, v_2, \cdots, v_{k-1}$ 称为途径 W 的**内部顶点**，途径 W 中边数 k 称为途径的**长**。若途径中的边互不相同，则称此途径为**迹**，若途径中的边和顶点都互不相同，则称此途径为**路**，一条途径的长度为正，且起点和终点相同，则称此途径是**闭**的，闭的路称为**圈**。长为偶数的圈称为**偶圈**，长为奇数的圈称为**奇圈**。

例 5.1.4　如图 5-5 在图 G 中，

途径：$v_1 e_1 v_2 e_4 v_4 e_4 v_2 e_2 v_3$；

迹：$v_1 e_6 v_4 e_4 v_2 e_5 v_4 e_3 v_3$；

路：$v_1 e_8 v_5 e_7 v_4 e_3 v_3$；

圈：$v_1 e_1 v_2 e_5 v_4 e_7 v_5 e_8 v_1$。

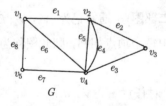

图 5-5

若在图 $G = (V, E)$ 中存在 (u, v) 路，则称点 u 与点 v 是**连通**的，易见连通是顶点集 V 上的等价关系，若存在顶点集 V 的一个划分：$V_1, V_2, \cdots, V_\omega$，使两顶点 u, v 连通，当且仅当存在 $i \in \{1, 2, \cdots, \omega\}$，使 $u, v \in V_i$，则子图 $G[V_1], G[V_2], \cdots, G[v_\omega]$ 称为图 G 的**连通分支**。ω 称为图 G 的**连通分支数**，记作 $\omega(G)$。只有一个连通分支的图称为**连通图**。

若在图 $G = (V, E)$ 中顶点 u 与点 v 连通，则 G 中最短 (u, v) 路的长度称为

u, v 之间的**距离**，记为 $d_G(u, v)$，或简记作 $d(u, v)$。若在图中没有 (u, v) 路，则记为 $d(u, v) = \infty$。G 中任意两点间的最大距离称为图 G 的**直径**。

定理 5.1.2　设 G 是一个简单图，则 G 为二部图，当且仅当 G 中没有奇圈。

证明：$\Rightarrow$：设二部图 G 的顶点划分为 $V = X \cup Y$，设 $C = v_0 v_1 \cdots v_k v_0$ 是 G 中的任意一个圈，不妨设 $v_0 \in X$，因为 $v_0 v_1 \in E$，故 $v_1 \in Y$，同理可得 $v_2 \in X$，类似的，有：$v_{2i} \in X$，$v_{2i+1} \in Y$。因为 $v_0 \in X$，$v_k \in Y$，所以 C 是偶圈。结论成立。

$\Leftarrow$：设 G 中不含奇圈，对任意 $v \in V$，令 $X = \{x \in V | d(v, x) \text{是偶数}\}$，$Y = \{y \in V | d(v, y) \text{是奇数}\}$。对任意顶点 u, $w \in X$，记 P 是最短 (v, u) 路，Q 是最短 (v, w) 路，且 u_1 是 P 和 Q 的最后一个公共顶点。因为 P 和 Q 均是最短路，故 P 和 Q 的 (v, u_1) 子路也最短，又因为 P 和 Q 的长都是偶数，故 P 中 (u_1, u) 子路 P_1 和 Q 中 (u_1, w) 子路 Q_1 长度必有相同的奇偶性，所以 (u, w) 路 $P_1^{-1} Q_1$ 长为偶数，若 u, w 相邻，$P_1^{-1} Q_1 wu$ 是一个奇圈。矛盾。故 u, w 不相邻。同理可证 Y 中任意两点都不相邻，故 (X, Y) 就是一个二部划分。G 是一个二部图。证毕。

例 5.1.5　证明下列各命题：

(1) 若图 G 不连通，则补图 $\overline{G}$ 必连通；

(2) 简单图 G 最小度 $\delta \geqslant k$，则 G 中必有一条长为 k 的路。

证明：(1) 对任意 u, $v \in V(G)$，若 u, v 在 G 中不相邻，则 $uv \in E(\overline{G})$。若 u, v 在 G 中相邻，则 u, v 在 G 的同一分支中。因为 $\omega(G) > 1$，则必有 G 的另一分支中的顶点 w 与 u, v 都不相邻，则 $uw, vw \in E(\overline{G})$，$uwv$ 是 $\overline{G}$ 中一条 (u, v) 路，故 $\overline{G}$ 连通。结论得证。

(2) 设 P 为 G 中最长路，其长度 $l < k$。不妨设 $P = v_1 v_2 \cdots v_l v_{l+1}$，因为 $d(v_1) \geqslant \delta \geqslant k > l$，故在 P 之外必有点 v_0 与 v_1 相邻。则 $P_0 = v_0 v_1 v_2 \cdots v_l v_{l+1}$ 是 G 中比 P 长的路，矛盾。故 $l \geqslant k$。在 P 中取长为 k 的子路即可。结论得证。

图除了用集合定义，用图形表示之外，还可以用矩阵来表示图。事实上，用矩阵表示图更方便研究图的代数性质。

定义 5.1.13　对于无向图 $G = (V, E)$，其中 $V = \{v_1, v_2, \cdots, v_n\}$，$E = \{e_1, e_2, \cdots, e_m\}$，令

$$m_{ij} = \begin{cases} 1 & \text{边} e_j \text{与顶点} v_i \text{关联} \\ 0 & \text{否则} \end{cases}, \quad a_{ij} = \begin{cases} 1 & \text{顶点} v_i \text{与顶点} v_j \text{相邻} \\ 0 & \text{否则} \end{cases}$$

则 $M(G) = (m_{ij})_{n \times m}$ 为图 G 的**关联矩阵**，$A(G) = (a_{ij})_{n \times n}$ 为图 G 的**邻接矩阵**。$D(G) = \text{diag}(d_1, d_2, \cdots, d_n)$（其中 d_i 表示顶点 v_i 的度）称为图的**度矩阵**，特别的，$L(G) = D(G) - A(G)$ 称为图的 **Laplacian 矩阵**。

根据定义，不难得到如下结论：

(1) $A(G)$ 是对称 $(0, 1)$ 矩阵，第 i 行（列）的元素之和等于第 i 个顶点的度 d_i；

(2) G 为二部图，当且仅当存在置换矩阵 P，使 $P^T A(G) P = \begin{pmatrix} O & A_{12} \\ A_{12}^T & O \end{pmatrix}$；

(3) $M(G)M(G)^T = D(G) + A(G)$，$M(G)^T M(G) = 2I_m + A(\text{L}(G))$，其中 $\text{L}(G)$ 称为图 G 的线图，由以下操作得到：以 $E(G)$ 中的元素作为顶点集，两顶点相邻，当且仅当对应边在 G 中相邻（即它们有一个公共关联点）；

(4) $A(\overline{G}) = J_n - I_n - A(G)$，其中 J_n 是元素都是 1 的 n 阶方阵，I_n 是 n 阶单位矩阵。

思考：图 G 的线图 $\text{L}(G)$ 有多少个顶点？多少条边？

例 5.1.6　图 G 中长为 k 的 (v_i, v_j) 途径数等于 $A(G)^k$ 的 (i, j) 元。

证明：对 k 进行数学归纳。

$k = 1$ 时，由邻接矩阵的定义，结论成立。设结论对 $k-1$ 时成立，令 $A^{k-1} = (a_{ij}^{(k-1)})$，即 G 中长为 $k-1$ 的 (v_i, v_j) 途径数为 $a_{ij}^{(k-1)}$。

下面证明对 k 时结论也成立。令 $A^k = (a_{ij}^{(k)})$，则有 $a_{ij}^{(k)} = \sum\limits_{l=1}^{n} a_{il} a_{lj}^{(k-1)}$。$G$ 中任一条长为 k 的 (v_i, v_j) 途径可以看做先经 $v_i v_l$ 到达 v_l，再经过 (v_l, v_j) 途径到达 v_j。根据定义 a_{il} 表示 v_i，v_l 之间的边数，由归纳假设，$a_{il} a_{lj}^{(k-1)}$ 表示长为 k 由 v_i 出发经边 $v_i v_l$ 到达 v_j 的途径数，故 $a_{ij}^{(k)} = \sum\limits_{l=1}^{n} a_{il} a_{lj}^{(k-1)}$ 表示长为 k 的 (v_i, v_j) 的途径数。结论得证。

注 1　对于图 G，矩阵 $A(G)^2$ 的第 i 个对角元为对应的第 i 个顶点的度。

注 2　对于图 G，矩阵 $A(G)^3$ 的第 i 个对角元即为包含对应的第 i 个顶点的三角形数目的 2 倍。

5.2　欧拉图与哈密顿图

现在我们回顾一下哥尼斯堡七桥问题的解法. 不难发现图 5-2 中表示的图不具有经过其中每条边一次且仅一次的闭迹。自然的，我们有如下定义。

定义 5.2.1　　对于图 G, 经过 G 的每条边的迹称为**欧拉迹**, 经过图 G 的每条边恰好一次的闭途径称为图 G 的**欧拉环游**, 包含欧拉环游的图称为**欧拉图**。

定理 5.2.1　　设 G 是连通图, 则 G 是欧拉图, 当且仅当 G 中没有奇点。

证明：⇒：设 G 是欧拉图, C 是 G 的欧拉环游, 其起点和终点都是 u, 而 C 的内部顶点 v 每出现一次, 就有两条与之关联的边出现。因为 C 包含 G 的所有边, 故对任意顶点 $v \neq u$, $d(v)$ 都是偶数, 因为 C 开始于 u, 也终止于 u, 故 $d(u)$ 也是偶数, 结论得证。

⇐：若 G 是非欧拉图, 且至少含有一边, 没有奇点。选择一个边数尽可能少的这种图。因为每个点的度至少为 2, 故 G 包含一条闭迹。设 C 是 G 中最长闭迹, 根据假设, C 不是 G 的欧拉环游, 则 $G - E(C)$ 中有一个边数 $m' > 0$ 的某一分支 G', 可知 G' 没有奇点, 且 G' 的边数小于 G 的边数, 根据 G 的选择, 知 G' 中有一条欧拉环游 C'。因为 G 连通, 故 $V(C) \cap V(C')$ 中存在顶点 v。设 v 是 C, C' 的起点和终点, 则 CC' 是一条比 C 更长的闭迹, 与 C 的选择矛盾, 故结论成立。证毕。

推论 5.2.1　　连通图 G 有欧拉迹, 当且仅当 G 中至多含有两个奇点。

证明：⇒：设 G 有欧拉迹, 根据定理 5.2.1, 除了这条迹的起点和终点外, 其余各点都是偶点, 结论得证;

⇐：若连通图 G 没有奇点, 由定理 5.2.1, 结论成立。设连通图 G 有两个奇点 v_1, v_2, 用 $G + uv$ 表示在图 G 上添加新边 $e = uv$ 得到的图, $G + v_1 v_2$ 满足定理 5.2.1 的条件, $G + v_1 v_2$ 含有欧拉环游 $C = v_1 e_1 v_2 e_2 v_3 \cdots e_m v_1$, 其中 $e_1 = v_1 v_2$, 则 $W_0 = v_2 e_2 v_3 \cdots e_m v_1$ 即为 G 的一条欧拉迹。证毕。

现在我们来研究另一个有趣的相关问题, 即一笔画问题 (笔不离纸, 线不重复)。从图论的角度看, 可以一笔画完成的图形, 当且仅当其包含一条欧拉迹 (闭的或非闭的), 其中非闭的欧拉迹称为**欧拉通路**。

例 5.2.1　　判断下列哪些图形可以"一笔画"完成。

田、口、中、大、皿、A、M、K

解：根据推论 5.2.1, 可知: 口、中、M 都可以一笔画完成, 其他的都不能。

定义 5.2.2　　对于图 G, 经过 G 的每个顶点的路 (圈) 称为**哈密顿路 (圈)**, 包含哈密顿圈的图 G 称为**哈密顿图**。

与欧拉图的情况不同, 迄今为止, 还没有找到哈密顿图的充要条件, 这也是目前图论中迷人的难题之一。

尽管没有找到哈密顿图的充要条件，但是人们已经发现了若干哈密顿图的充分或必要条件。下面我们介绍一些这方面的结论。

定理 5.2.2　设 $G = (V, E)$ 是哈密顿图，则对 V 的每个真子集 S，有 $\omega(G - S) \leqslant |S|$，其中 $G - S = G[V - S]$。

证明：设 C 是 G 的哈密顿圈，则对 C 的每个非空子集 S，都有 $\omega(C-S) \leqslant |S|$。

因为 C 是 G 的生成子图，所以，$\omega(G - S) \leqslant \omega(C - S)$，故结论成立。证毕。

注　定理 5.2.2 的逆命题不成立。例如在著名的 Petersen 图 (见图 5-6) 中，$\forall S \subseteq V$，$\omega(G - S) \leqslant |S|$，但 Petersen 图不是哈密顿图。

推论 5.2.2　在图 $G = (V, E)$ 中，若存在 $S \subseteq V$，使 $\omega(G - S) > |S|$，则 G 不是哈密顿图。

图 5-7 中给出了推论 5.2.2 的一个直观的例子。去掉顶点子集 $\{v_1, v_2, v_3\}$ 后，图 G 还余下 4 个连通分支，故 G 不是哈密顿图。下面我们给出哈密顿图的一个充分条件 (而略去它的证明)。

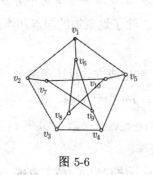

图 5-6

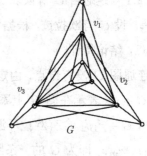

图 5-7

定理 5.2.3　设 G 是 n 阶图，对 V 的任意两个不相邻的顶点 u, v，都有 $d(u) + d(v) \geqslant n$，则 G 是哈密顿图。

推论 5.2.3　设 G 是 n 阶图，对 $v \in V$，都有 $d(v) \geqslant \dfrac{n}{2}$，则 G 是哈密顿图。显然，任意一个圈都是一个哈密顿图。

例 5.2.2　证明：任意奇数阶的二部图都不是哈密顿图。

证明：设 (X, Y) 是二部图 G 的一个二部划分，则有 $|X| \neq |Y|$。不妨设 $|X| < |Y|$，则 $\omega(G - X) = |Y| > |X|$，根据推论 5.2.2，$G$ 不是哈密顿图。结论成立。

最后简单介绍一下欧拉图和哈密顿图的应用问题。

与欧拉图有关的应用问题是中国邮递员问题。一个邮递员从邮局出发递送信件，然后再返回邮局，当然，他必须走过他管辖范围内的每条街道至少一次。在此前提下，如何选择投递路线，才能使走过的总路程最短。这个问题是我国数学家管梅谷教授在 1962 年首先提出的，因此被称为**中国邮递员问题**。用图论的语言描述中国邮递员问题，就是：在一个赋权连通图中如何找一个总权和最小的欧拉环游 (或欧拉通路)。如果赋权图 G 是欧拉图，已有好的算法 (Fleury 算法) 解决此问题；对于一般的连通赋权图，可以用奇偶点图上作业法解决此问题，限于篇幅，这些算法在此不加介绍。感兴趣的读者可以参阅有关专业书籍。

与哈密顿图有关的应用问题是旅行售货员问题 (也称"货郎担问题")。设有 n 个村庄，每两个村庄之间都有道路相连，一个旅行售货员自某一村庄出发巡回售货，问他该如何选择道路，使每个村庄经过一次且仅一次，最终返回出发地，而且总行程最短。用图论的语言描述这个问题是：在一个给定赋权图中，如何找出最短的哈密顿圈？必须指出，当 n 比较大时，用穷举法找最短哈密顿圈是不现实的。例如 $n = 20$ 时，在完全图 K_n 中的所有圈共有 $(n-1)! \approx 10^{17}$ 个，更不用说再去比较求最小值的运算了。但是，到目前为止，人们已经找到了求解旅行售货员的一些较好的近似算法。

5.3 树

基尔霍夫在研究电路网络时和凯莱在有机化学中同分异构体时都用到了一种常见的特殊图，那就是树。这一节研究树的有关性质。

定义 5.3.1 无圈的连通图称为**树**，无圈图称为**森林**。树中的 1 度点称为**叶**，树中度不小于 2 的点称为**分支点**。

例 5.3.1 画出所有不同构的 6 阶树。

解：见图 5-8。

定义 5.3.2 最大度是 2 的 n 阶树称为**路**，最大度是 $n-1$ 的 n 阶树称为**星**。图 5-8 中的 (1) 是路，(6) 是星。

定理 5.3.1 设 G 是 n 阶 m 条边的简单图，则下列命题等价：

(1) G 是树；

(2) G 不含圈，且 $m = n-1$；

(3) G 连通, 且 $m = n - 1$;

(4) G 不含圈, 且对任意两不相邻顶点 $u, v, G + uv$ 恰有一个圈;

(5) G 连通, 但删掉任一边后不连通;

(6) G 中任一对顶点间由唯一一条路相连。

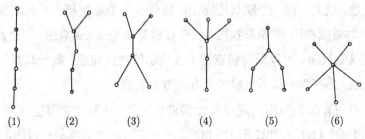

(1)　　　　(2)　　　　(3)　　　　(4)　　　　(5)　　　　(6)

图 5-8

证明: (1) $\Rightarrow$ (2): 对 n 用数学归纳法。$n = 1$ 或 $n = 2$ 时, 结论显然成立。假设结论对阶数小于 n 的所有树都成立, 现在考虑 n 阶树 G 的情形。

设 $uv \in E(G)$, 因为 uv 是 G 中唯一 (u, v) 路, 所以 $G - uv$ 中不含 (u, v) 路, 即 $G - uv$ 不连通, 且 $\omega(G - uv) = 2$, $G - uv$ 的连通分支仍无圈, 连通, 且阶数均小于 n。

根据归纳假设, 有:$m_1 = n_1 - 1$, $m_2 = n_2 - 1$, 所以, 有

$$m = m_1 + m_2 + 1 = n_1 + n_2 - 1 = n - 1$$

结论成立。

(2) $\Rightarrow$ (3): 若 G 不连通, 则其连通分支数 $\omega(G) = k \geqslant 2$, 设其连通分支分别为 $G_1, G_2, \cdots, G_k$, 且 $G_i (i = 1, 2, \cdots, k)$ 不含圈, 故 G_i 都是树, $m_i = n_i - 1$, $i = 1, 2, \cdots, k$, 即

$$m = \sum_{i=1}^{k} m_i = \sum_{i=1}^{k} n_i - k = n - k < n - 1$$

这是一个矛盾。故结论成立。

(3) $\Rightarrow$ (4): 先证 G 无圈, 对结点数 n 进行数学归纳。$n = 2$ 时, 结论显然成立。假设 $n = k - 1$ 时结论成立, 现在考虑 $n = k$ 的情形。因为 G 连通, 且 $m = n - 1$, 故对 G 中每一结点 v, 都有 $d(v) \geqslant 1$, 可以证明存在 v_0, 使 $d(v_0) = 1$, 设 $v_0 v_1 \in E(G)$, 现在考虑图 $G - v_0$, 根据归纳假设 $G - v_0$ 无圈, 因为 $d(v_0) = 1$, 故 G 仍无圈。

再证对任意两不相邻顶点 u, v, $G+uv$ 恰有一个圈。否则, 存在顶点 u, v, 使 $G+uv$ 有两个圈, 则删掉边 uv, G 仍有一个圈, 与上面证明 G 无圈矛盾, 故结论成立。

(4) $\Rightarrow$ (5): 若 G 不连通, 则存在 u, $v \in V(G)$, G 中没有 (u, v) 路, 这时, $G+uv$ 中没有圈, 矛盾。故 G 连通。因为 G 无圈, 故删掉一边后不再连通, 故结论成立。

(5) $\Rightarrow$ (6): 若存在两个结点, 它们之间有两条路连接, 则此图中必有一个圈, 删掉此圈上的任意一边, 得到的图仍是连通的, 与题设矛盾, 故结论成立。

(6) $\Rightarrow$ (1): G 中任一对顶点间由一条路相连, 所以 G 是连通的, 若 G 中含有圈 C, 任取 $e = xy \in E(C)$, 则 x, y 间有两条路连接, 矛盾, 所以 G 中不含圈, 故 G 是树。结论成立。证毕。

显然若 n 阶 m 条边的图 G 满足下列三条中任意两条, 即是一棵树:

(1) G 连通; (2) G 无圈; (3) $m = n-1$。

推论 5.3.1 任何一颗阶数不小于 2 的树至少含有两片叶。

思考: 树是二部图吗? 什么样的树是完全二部图?

例 5.3.2 设 T 是一棵最大度 $\Delta \geqslant k$ 的树, 则 T 中至少有 k 片叶。

证明: 若 T 的叶数 $s < k$, 则有:$2m = \displaystyle\sum_{v \in V(T)} d(v) \geqslant 2[n-(s+1)]+k+s \geqslant 2n-1$。矛盾, 故结论成立。

定义 5.3.3 图 $G = (V, E)$ 的生成子图 $T = (V, E')$ 是一棵树, 则 T 称为图 G 的**生成树**。

定理 5.3.2 设 G 是一个图, 则 G 有生成树, 当且仅当 G 是连通图。

证明: $\Rightarrow$: 若 G 不连通, 则 G 的生成子图也不连通, 所以 G 没有生成树, 矛盾。故结论成立。

$\Leftarrow$: 若 G 中没有圈, G 本身就是树, 当然也是它自身的生成树。否则, 设 C 是 G 中的一个圈, $e \in E(C)$, 则 $G-e \triangleq G_1$ 仍连通, 若 G_1 中没有圈, 则 G_1 就是待求的生成树。否则, 设 C_1 是 G_1 中的一个圈, $e_1 \in E(C_1)$, 则考虑 $G_1 - e_1 \triangleq G_2$, 如此做下去, 直到得到连通图 T, 且 T 中没有圈, 且 $V(T) = V(G)$。T 就是待求的生成树。证毕。

注 以上求图 G 的生成树的方法称为**破圈法**。

例 5.3.3 画出图 5-9 中图 G 的所有不同构的生成树。

解: 见图 5-10, T_1, T_2, T_3 即为 G 的所有不同构的生成树。

很多实际问题中经常会用到求最小生成树的问题, 即在一个赋权图中求一个总权和最小的生成树, 求解这类问题有好的算法 —Kruskal 算法, 限于篇幅, 这里不再深入介绍, 感兴趣的读者可以阅读有关专业书籍。

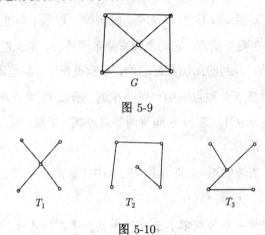

图 5-9

图 5-10

最后我们来介绍一下有向图中树的概念及结论。

定义 5.3.4　若一有向图不考虑弧的方向时是一棵树, 则此有向图称为一棵**有向树**。若有向树 T 中仅有一个点入度为 0, 其余各点入度均为 1, 则 T 称为**根树**, 入度为 0 的点称为**根**, 出度为 0 的点称为**叶**, 出度不为 0 的点称为**分支点**, 由根到某一点的有向路的长度称为该点的**层数**, 层数的最大值称为**树高**。

为简便起见, 我们约定: 树根画在上面, 树叶画在下面, 而省掉弧上表示方向的箭头。

定义 5.3.5　设 T 是一颗非平凡根树, 对任意 v_i, $v_j \in V(T)$, 若 v_i 可达 v_j, 则称 v_i 是 v_j 的**祖先**, v_j 是 v_i 的**后代**, 若 v_i 邻接到 v_j, 则称 v_i 是 v_j 的**父亲**, v_j 是 v_i 的**儿子**, 若 v_j 与 v_k 有共同的父亲, 则称 v_j 与 v_k 是**兄弟**。

例 5.3.4　在图 5-11 的根树 T 中,

v_1 是根, v_2, v_3, v_4, v_5, v_6, v_9, v_{11} 是分支点;

v_7, v_8, v_{10}, v_{12}, v_{13}, v_{14} 是儿子;

v_3 是 v_{14} 的祖先, v_{13} 是 v_2 的后代;

v_2, v_3 是兄弟, v_4 是 v_7 的父亲; v_{13} 是 v_9 的儿子;

v_{13}, v_{14} 在第 4 层, 树高为 4。

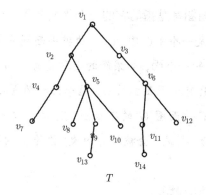

图 5-11

根树还常用来表示家族谱系关系，一般的，同一层的兄弟之间常按从左到右的顺序区分其大小。

定义 5.3.6 若根树 T 中每个分支点至多有 m 个儿子，则根树称为 **m 叉树**，若 T 中每个分支点恰好有 m 个儿子，则 T 称为**正则 m 叉树**。

定理 5.3.3 若在二叉树 T 中，叶数是 n_0，出度为 2 的点数为 n_2，则有 $n_0 = n_2 + 1$。

证明： 设 n_1 为 T 中出度为 1 的点数，根据已知条件，T 的结点总数为 $n_0 + n_1 + n_2 = n$，而 T 的边数为 $n - 1 = 2n_2 + n_1$，所以，有 $n_0 = n_2 + 1$，证毕。

例 5.3.5 若正则 m 叉树 T 的叶数是 t，分支点数是 i，则有 $(m-1)i = t - 1$。

证明： T 的边数为 $mi = n - 1$，而顶点数 $n = i + t$，故 $(m-1)i = t - 1$。结论成立。

显然，正则二叉树的叶数 t 与分支点数 i 之间的关系为 $i = t - 1$。

5.4 平面图与图的染色

在很多实际问题中，经常会涉及到平面上作图时如何避免或减少边的交叉问题，比如在单面印刷电路板的布线设计时，避免边的交叉就十分重要。这就不得不引入图论中的一类重要的图 — 平面图。

定义 5.4.1 若一个图能画在平面上使得它的边仅在顶点处相交，则称这个图是**可嵌入平面的**，或称为**平面图**，否则称为**非平面图**。平面图 G 的这样一种画法称为 G 的一个**平面嵌入**。

今后我们讲到的平面图都是指的它的一个平面嵌入。

定义 5.4.2 若 G 是一个平面图，G 的边把平面划分成若干个连通的区域，每一个这样的区域称为 G 的一个**面**，如果面的面积是有限的，这个面称为**有限面**，任意一个平面图都有一个具有无限面积的面，这个面称为**无限面**，也称**外部面**。

定义 5.4.3 若 f 是平面图 G 的有限面，则称 f 与它边界上的顶点和边是**关联**的，与面 f 关联的边数 (割边①会被计算两次) 称为 f 的**度**，记作 $d_G(f)$，或简记作 $d(f)$。

下面我们引入对偶图的概念。

定义 5.4.4 若 $G = (V, E)$ 是平面图，我们按照如下规则构造另外一个图 G^*: 对于图 G 的每个面 f，都有 G^* 的一个顶点 f^* 与之对应，对于图 G 的每条边 e，都有 G^* 的边 e^* 与之对应，图 G^* 的两顶点 f^*, g^* 由边 e^* 连接，当且仅当 G 的对应面 f, g 被边 e 分隔。这样得到的图 G^* 称为图 G 的**对偶图**。

不难看出，若 G 是含有 m 条边、r 个面的 n 阶平面图，则 G^* 是 m 条边的 r 阶平面图。

对于平面图 G，若 $G \cong G^*$，则称 G 为**自对偶图**。例如，完全图 K_4 即是一个自对偶图。

必须指出，两个同构的平面图可以有不同的对偶图。例如图 5-12 中的两个图是同构的，但它们的对偶图却不同构，因为 (a) 图有一个度为 5 的面，而 (b) 图中没有这样的面。

下面我们给出一个与定理 5.1.1 类似的定理。

定理 5.4.1 若 G 中是平面图，则有: $\sum_{f \in F(G)} d(f) = 2|E(G)|$，其中 $F(G)$ 是指图 G 的所有面的集合。

证明: 设 G^* 是 G 的对偶图，则有:

$$\sum_{f \in F(G)} d(f) = \sum_{f^* \in F(G^*)} d(f^*)$$
$$= 2|E(G^*)|$$
$$= 2|E(G)|。$$

证毕。

①图 G 的割边 e 是指使 $\omega(G-e) > \omega(G)$ 的边 e。

定理 5.4.2(欧拉公式) 若连通平面图 G 有 n 个顶点、m 条边和 r 个面，则有 $n - m + r = 2$。

证明：对 G 的面数 r 进行数学归纳。

当 $r = 1$ 时，G 连通，且不含圈，则 G 为树，有 $m = n - 1$，结论成立。

设结论对面数小于 r 的所有连通平面图都成立，G 为有 $r(r \geqslant 2)$ 个面的连通平面图，任取 G 的一条非割边 e，因为 G 被 e 分成两个面结合成 $G - e$ 的一个面，故 $G - e$ 是连通平面图，且有 $r - 1$ 个面。

根据归纳假设，$n - (m - 1) + (r - 1) = 2$，即 $n - m + r = 2$，结论成立。
证毕。

推论 5.4.1 设 G 是 n 阶 m 条边的简单平面图，则有:$m \leqslant 3n - 6$。

证明：只需考虑连通图的情形。

对任意 $f \in F(G)$，有 $d(f) \geqslant 3$，即

$$2m = \sum_{f \in F(G)} d(f) \geqslant 3r$$

由欧拉公式，有

$$n - m + \frac{2m}{3} \geqslant 2$$

即 $m \leqslant 3n - 6$。证毕。

推论 5.4.2 设 G 为 n 阶简单平面图，则其最小度 $\delta \leqslant 5$。

证明：$n = 1, 2$ 时，结论显然成立。$n \geqslant 3$ 时，有

$$\delta n \leqslant \sum_{v \in V(G)} d(v) = 2m \leqslant 6n - 12$$

所以 $(6 - \delta)n \geqslant 12$，故 $\delta \leqslant 5$。
证毕。

例 5.4.1 证明:K_5 和 $K_{3,3}$(见图 5-12) 都是非平面图。

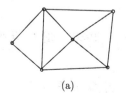 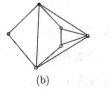

(a)   (b)

图 5-12

证明：若 K_5 是平面图，则根据推论 5.4.1，边数 $10 = m \leqslant 9$，这是一个矛盾，故 K_5 是非平面图。

若 $K_{3,3}$ 是平面图，$K_{3,3}$ 中没有长度小于 4 的圈，故每个面的度至少为 4，根据定理 5.4.1，有 $2 \times 9 = 18 \geqslant 4r$，即 $r \leqslant 4$。

根据欧拉公式，有 $2 \leqslant 6 - 9 + 4 = 1$，这是一个矛盾，故 $K_{3,3}$ 是非平面图。

例 5.4.2　设 G 是 n 阶 m 条边的简单平面图，且最短圈长 $k \geqslant 3$，证明：$m \leqslant \dfrac{k(n-2)}{k-2}$。

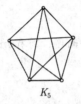　

$$K_5 \qquad\qquad K_{3,3}$$

图 5-13

证明：因为最短圈长 $k \geqslant 3$，对任意 $f \in F(G)$，$d(f) \geqslant k$。从而有

$$2m = \sum_{f \in F(G)} d(f) \geqslant kr$$

即 $r \leqslant \dfrac{2m}{k}$，代入欧拉公式得：$n - m + \dfrac{2m}{k} \geqslant 2$，$m \leqslant \dfrac{k(n-2)}{k-2}$。
证毕。

K_5 和 $K_{3,3}$ 称为**基本非平面图**。它们在刻画图的 (非) 平面性中起着十分重要的作用。

定义 5.4.5　若 G 是一个图，$e = uv \in V(G)$，若在 G 中删掉边 e，插入新点 w 和新边 uw 及 wv，得到一个新图 G_1，则 G_1 称为图 G 的一个**剖分**；若在 G 中删掉边 e，将两点 u，v 合并成一个新点 x，则得到的新图 G_2 称为图 G 的一个**收缩**。

下面给出两个判定平面图的两个充要条件，因为它们的证明比较繁琐，这里略去不证。

定理 5.4.3(库拉托夫斯基 (Kurotowski)，1930)　图 G 是平面图，当且仅当 G 不包含 K_5 或 $K_{3,3}$ 的剖分图作为子图。

定理 5.4.4(瓦格纳 (Wagner)，1937)　图 G 是平面图，当且仅当 G 不包含可收缩为 K_5 或 $K_{3,3}$ 的子图。

接下来讨论图的染色问题。一般说来，图的染色问题研究来源于著名的"四色问题"，四色问题是图论也许是全部数学中最有名、最困难的问题之一。所谓四色猜想是指平面上任何一张地图，总可以用至多四种颜色给每一个国家染色，使得任何相邻国家（公共边界上至少有一段连续曲线）的颜色是不同的。这个问题提出之后，很多数学家作了种种尝试，直到 1976 年，美国的 K. Appel 和 W. Haken 借助于高速电子计算机用了 1200 多个小时，证明了四色猜想成立。从此，四色猜想成了四色定理，但是，迄今为止，给出四色定理一个无需借助计算机的证明，仍是一个未获解决的问题。

定义 5.4.6　图 G 的**正常着色**是指这样一个映射 $f : V(G) \rightarrow C_k = \{c_1,\ c_2,\ c_3,\ \cdots\cdots c_k\}$，使 $\forall u,\ v \in V(G)$，u、v 相邻时，有 $f(u) \neq f(v)$。图 G 的**点色数**是 G 的所有正常着色中需要颜色的最小数目，记作 $\chi(G)$，即

$$\chi(G) = \min\{k : V(G) \rightarrow \{c_1,\ c_2,\ c_3,\ \cdots\cdots c_k\} 是图 G 的正常着色\}$$

若存在图的一个正常 k 顶点染色，则称图是 k-**顶点可染色的**。

类似的，我们还可以给出平面图的面染色的概念。根据对偶图的概念，不难得到如下注记。

注　下面两个命题是等价的:

(1) 每个平面图是 4- 面可染色的;

(2) 每个平面图是 4- 顶点可染色的。

这样四色问题就可以等价的描述为:对任意平面图 G，有:$\chi(G) \leqslant 4$。尽管证明平面图是 4 顶点可染色的是困难的，但是可以不太困难的证明: 平面图是 5 顶点可染色的。下面我们证明一个更弱的结论。

例 5.4.3　每个平面图 G 是 6 顶点可染色的。

证明:对图 G 的顶点数 n 进行数学归纳。

$n \leqslant 6$ 时，命题显然成立。当 $k > 6$ 时，假设 $n \leqslant k$ 时，命题成立。

现考虑 $k + 1$ 个顶点的平面图 G，根据推论 5.4.1，存在顶点 $v \in V(G)$，使得 $d_G(v) \leqslant 5$，则 $G - v$ 仍是平面图，点数为 k。根据归纳假设，对图 $G - v$ 可进行 6 顶点正常染色。因为 $d_G(v) \leqslant 5$，故 v 在 G 中的邻点至少有一种颜色不出现，将顶点 v 染这种颜色即可，这样我们就得到了 G 的正常的 6 顶点染色。

根据归纳原理，结论成立。

图的染色理论发展到今天，人们根据需要构造了各种各样的染色，比如边染色、圆染色、列表染色、非正常染色等，而且图的染色问题中仍有许多的迷人的难题等待着我们去研究探索。

5.5 习　题　五

1. 若简单图 G 是 n 阶自补图 (即 $G \cong \overline{G}$)，则有:$|V(G)| \equiv 0$或$1(\bmod\ 4)$。

2. 简单图 G 最小度 $\delta \geqslant 2$，则 G 中必有一条长至少为 $\delta + 1$ 的圈。

3. 设 G 为 n 阶简单图，则有: G 连通，当且仅当矩阵 $[A(G) + I]^{n-1}$ 中没有零元素。

4. 若图 G 中没有奇点，则图 G 中存在边不交的圈 C_1, C_2, $\cdots$, C_m, 使 $E(G) = \bigcup\limits_{i=1}^{m} E(C_i)$。

5. 一只老鼠边吃边走通过一块 $3 \times 3 \times 3$ 的立方体奶酪，要通过 $1 \times 1 \times 1$ 子立方体，若它从一个角落开始，且每次都是移动到一个未被吃过的子立方体，那么它能否最后到达立方体的中心?

6. 找一个简单图，使它满足:

(1) 既是欧拉图，又是哈密顿图;

(2) 是哈密顿图，不是欧拉图;

(3) 是欧拉图，不是哈密顿图;

(4) 既不是欧拉图，也不是哈密顿图。

7. 若 G 为 n 阶简单图，且边数 $m > \binom{n-1}{2}$，则 G 为连通图。

8. 设 F 是具有 m 条边的 n 阶森林，则有:$m = n - k$，其中 k 为 F 中连通分支数。

9. 恰有两片叶的树一定是一条路。

10. 边数和顶点数相等的连通图称为**单圈图**，试画出 6 个顶点的所有不同构的单圈图。

11. 正则二叉树一定是奇数阶的。

12. 设树 T 有 4 度点、3 度点和 2 度点各一个，其余都是树叶。

(1) 问树 T 中有多少个树叶?

(2) 画出满足上述条件的所有不同构的无向树。

13. 判断图 5-14 中的两个图是否与完全二部图 $K_{3,3}$ 同构，为什么？

(1)　　　　　　　　　　　(2)

图 5-14

14. 证明图 5-15 中的图 G 与 Petersen 图同构。

15. 用两种方法证明 Petersen 图是非平面图。

16. 设 G 为点数 $n \geqslant 11$ 的图，则 G 或 $\overline{G}$ 是非平面图。

17. 对于图 G 的每个真子图 H，都有 $\chi(H) < \chi(G)$，则称 G 为**临界图**，k 色的临界图称为 k **临界图**。证明：若 G 为 k 临界图，则其最小度 $\delta \geqslant k-1$。

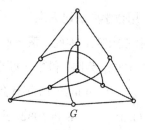

G

图 5-15

18. 证明：唯一的 1 临界图是 K_1，唯一的 2 临界图是 K_2，仅有的 3 临界图是奇圈。

19. 构造一个 n 个点的 4 临界图。

20. 证明：在一个至少 6 人的集会上，或者有 3 人相互认识，或者有 3 人相互不认识。

第六章 数理逻辑

逻辑学是研究人的思维形式和规律的科学，而数理逻辑是用数学方法研究逻辑推理规律的科学。所谓数学方法，主要是指引进一套符号体系的方法。所以，数理逻辑又称为符号逻辑。

用数学方法研究推理规律的思想，首先是莱布尼兹 (G. W. Leibniz，1646–1716，德国) 提出的，因此，莱布尼兹被认为是数理逻辑的创始人。后来布尔 (G. Boole，1815–1864，英国) 和德·摩根 (De Morgan，1806-1876，英国) 等人得到了最初的一些结果。从 19 世纪 70 年代到 20 世纪初，弗雷格 (G. Frege，1848-1925，德国)、皮亚诺 (G. Peano，1883–1932，意大利) 和罗素 (B. Russell，1870-1970，英国) 建立了命题演算和谓词演算，突破了古典形式逻辑的局限，形成了一套完整的逻辑体系。希尔伯特 (D. Hilbert，1862–1943，德国) 和哥德尔 (K. Gödel，1906–1978，美国) 等人的贡献，使数理逻辑已经发展成为一门内容丰富的学科。数理逻辑的主要内容大致分为五个方面：逻辑演算、证明论、公理集合论、递归论和模型论。数理逻辑与计算机科学具有非常密切的关系，在计算机科学的许多领域，如逻辑设计、人工智能、语言理论、程序正确性证明等都有重要的应用。本章中主要介绍数理逻辑最基本的部分——命题演算和一阶谓词演算。

6.1 命题演算

从逻辑上讲，命题就是一种判断，它是用来肯定或否定事物具有某种特性的语句。在命题逻辑中，对命题的成分不再细分，所以命题是命题逻辑中的最小研究单位。

定义 6.1.1 可以判断其真假的陈述句称为**命题**。作为命题的陈述句所表达的判断结果称为命题的**真值**，真值为真的命题称为**真命题**，真值为假的命题称为**假命题**。

注 语句"我正在说假话①"不是命题, 因为它的真值无法确定; 而语句"充分大的偶数等于两个素数之和"是命题, 因为此语句的真值客观存在, 将来总会知道它的真值。

例 6.1.1 判断下列语句哪些是命题。

(1) 4 是素数。

(2) x 大于 y。

(3) 请不要讲话!

(4) 2030 年的元旦会下雪。

(5)《离散数学》真的很难学吗?

(6) 南京市是江苏省的省会。

解: (1)、(4)、(6) 都是命题, 因为它们都是具有确定真值的陈述句, 其中 (4) 的真值客观存在, 到 2030 年元旦那天就会真相大白了; (3)、(5) 都不是命题, 因为它们都不是陈述句; (2) 也不是命题, 因为它没有确定的真值, 真值会随 x, y 的取值变化而变化。

一般的, 真值"真"用 t 来表示, "假"用 f 来表示, 有时也分别用 1 和 0 表示。

下面介绍命题之间的联结词。常见的联结词主要有: "非"、"或"、"且"、"蕴含"、"当且仅当"等。不含联结词的命题称为**原子命题**(或简单命题), 否则称为**复合命题**。

定义 6.1.2 设 P 是命题, 复合命题"非 P"称为 P 的**否定式**, 记作 ¬P。符号 ¬ 称为**否定联结词**。

否定联结词对应的真值表见表 6-1

定义 6.1.3 设 P, Q 是两个命题, 复合命题"P 且 Q"称为 P 与 Q 的**合取式**, 记作 $P \wedge Q$。符号 $\wedge$ 称为**合取联结词**。

合取联结词对应的真值表见表 6-2

注 合取联结词 $\wedge$ 有一定的灵活性。比如自然语言中的"既⋯, 又⋯"、"不但⋯, 而且⋯"、"虽然⋯, 但是⋯"、"一面⋯, 一面⋯"等联结词均可以符号化为 $\wedge$。

---

①这就是著名的"说谎者悖论"。若此语句的真值为"真", 则它的真值为"假"; 反之, 若此语句的真值为"假", 则它的真值为"真", 所以无法判断此语句的真假。

表 6-1

P	$\neg P$
t	f
f	t

表 6-2

P	Q	$P \wedge Q$
t	t	t
t	f	f
f	t	f
f	f	f

例 6.1.2　将下列命题符号化。

(1) 张三虽然聪明，但是不用功；

(2) 李四既喜欢学习，也喜欢打游戏；

(3) 小明与小刚都是三好学生。

解：首先将原子命题符号化:

P: 张三聪明；

Q: 张三用功；

S: 李四喜欢学习；

T: 李四喜欢打游戏；

M: 小明是三好学生；

N: 小刚是三好学生。

所以，符号化的命题为: (1) $P \wedge \neg Q$; (2) $S \wedge T$; (3) $M \wedge N$。

定义 6.1.4　设 P, Q 是两个命题，复合命题"P 且 Q"称为 P 与 Q 的**析取式**，记作 $P \vee Q$。符号 $\vee$ 称为**析取联结词**。

析取联结词对应的真值表见表 6-3

定义 6.1.5　设 P, Q 是两个命题，复合命题"若 P 则 Q"称为 P 与 Q 的**蕴含式**，记作 $P \rightarrow Q$，并称 P 是蕴含式的**前件**，Q 是蕴含式的**后件**。符号 $\rightarrow$ 称为**蕴含联结词**。

规定:$P \rightarrow Q$ 为假，当且仅当 P 为真，Q 为假。

如"若 P 则 Q"的命题称为**假言命题**。$P \rightarrow Q$ 的逻辑关系为:Q 是 P 的必要条件。

蕴含联结词对应的真值表见表 6-4

注　在自然语言中，特别是数学语言中，Q 是 P 的必要条件有多种不同的叙述方式，比如"只要 P，就 Q"、"因为 P，所以 Q"、"只有 Q 才 P"、"除非 Q 才

P"、"除非 Q，否则非 P"等，它们都表达的是:Q 是 P 的必要条件，故均可以符号化为 $P \to Q$。

定义 6.1.6　设 P,Q 是两个命题，复合命题"P 当且仅当 Q"称为 P 与 Q 的**等价式**，记作 $P \leftrightarrow Q$，符号 $\leftrightarrow$ 称为**等价联结词**。

表 6-3

P	Q	$P \vee Q$
t	t	t
t	f	t
f	t	t
f	f	f

表 6-4

P	Q	$P \to Q$
t	t	t
t	f	f
f	t	t
f	f	t

规定:$P \longleftrightarrow Q$ 为真，当且仅当 P,Q 同时为真或同时为假。

等价联结词对应的真值表见表 6-5

例 6.1.3　将下列命题符号化并讨论它们的真值。

(1) 张教授只能选择上《离散数学》课或《高等代数》课;

(2) 只要 a 能被 4 整除，那么 a 就能被 2 整除;

(3) π > 3.14 当且仅当叙利亚位于非洲。

表 6-5

P	Q	$P \leftrightarrow Q$
t	t	t
t	f	f
f	t	f
f	f	t

解:首先将原子命题符号化:

P: 张教授选择上《离散数学》课;

Q: 张教授选择上《高等代数》课;

S: a 能被 4 整除;

T: a 就能被 2 整除;

M: π > 3.14;

N: 叙利亚位于非洲。

所以，符号化的命题为: (1) $P \vee Q$，其真值要视具体情况而定; (2) $S \to T$，其真值为真，尽管不知道 S,T 的真假情况; (3) $M \leftrightarrow N$，其真值为假，因为 M 为真，N 为假。

简单命题是真值唯一确定的命题逻辑中最基本的研究单位，称为**命题常元或命**

题常项。真值可以变化的陈述句称为**命题变元**或**命题变项**。将命题变项用联结词和圆括号按照一定的逻辑关系联接起来的符号串称为**合式公式**或**命题公式**。

命题公式的递归定义如下:

(1) 单个命题变项是命题公式,称为原子命题公式。

(2) 若 G, H 是命题公式,则 $\neg G$, $\neg H$, $G \vee H$, $G \wedge H$, $G \to H$, $G \leftrightarrow H$ 也是命题公式。

(3) 所有命题公式都是有限次使用 (1), (2) 之后得到的符号串。

为简便起见,作如下规定:

(1) $(\neg G)$ 中的括号可省略,写作 $\neg G$;

(2) 整个公式的外层符号可以省略;

(3) 五种联结词的优先级按如下顺序递增: $\leftrightarrow$, $\to$, $\vee$, $\wedge$, $\neg$。

注　命题公式是由命题变项、联结词和圆括号按照上述规则组成的符号串,不是命题;只有指定所有命题变项的取值后, 命题公式才会转化成有确定真值的命题。

定义 6.1.7　设 $A(P_1, P_2, \cdots, P_n)$ 为包含 n 个变项的命题公式,指定 P_1, P_2, $\cdots$, P_n 的值为 a_1, a_2, $\cdots$, a_n, 其中 a_i 取 t 或 f。则称这组真值 $I = (a_1, a_2, \cdots, a_n)$ 是公式 $A(P_1, P_2, \cdots, P_n)$ 的一种**解释**(或**赋值**), $A(a_1, a_2, \cdots, a_n)$ 称为公式关于解释 I 的真值。使 $A(a_1, a_2, \cdots, a_n)$ 为 t 的这组值称为 A 的**成真赋值**, 使 $A(a_1, a_2, \cdots, a_n)$ 为 f 的这组值称为 A 的**成假赋值**。

显然,公式 $A(P_1, P_2, \cdots, P_n)$ 有 2^n 种解释。

反映公式关于所有解释取值的表格称为**公式的真值表**。

例 6.1.4　求下列公式的真值表。

(1) $\neg P \vee Q$; (2) $(\neg P \wedge P) \leftrightarrow (\neg Q \wedge Q)$; (3) $\neg(P \to Q) \wedge Q$。

解: 上述三组公式的真值表分别为表 6-6、表 6-7 和表 6-8:

表 6-6

P	Q	$\neg P$	$\neg P \vee Q$
f	f	t	t
f	t	t	t
t	f	f	f
t	t	f	t

表 6-7

P	Q	$\neg P$	$\neg Q$	$\neg P \wedge P$	$\neg Q \wedge Q$	$(\neg P \wedge P) \leftrightarrow (\neg Q \wedge Q)$
f	f	t	t	f	f	t
f	t	t	f	f	f	t
t	f	f	t	f	f	t
t	t	f	f	f	f	t

表 6-8

P	Q	$P \rightarrow Q$	$\neg(P \rightarrow Q)$	$\neg(P \rightarrow Q) \wedge Q$
f	f	t	f	f
f	t	t	f	f
t	f	f	t	f
t	t	t	f	f

定义 6.1.8　对所有解释都取 f 值的公式称为**永假公式**(或**矛盾式**)，对所有解释都取 t 值的公式称为**永真公式**(或重言式)，既非永真也非永假的公式称为**中性公式**，至少一种解释取 t 值的公式称为**可满足公式**。

例 6.1.4 中的 (2) 是永真公式，(3) 是永假公式，(1) 是可满足公式。

定义 6.1.9　设 A, B 是两个命题公式，若 A, B 对一切解释均取相同的真值，则称 A 与 B**等值**，记作 $A \Leftrightarrow B$。

注　$A \Leftrightarrow B$，当且仅当 $A \leftrightarrow B$ 是永真公式。

例 6.1.5　证明:$\neg(P \vee Q) \Leftrightarrow \neg P \wedge \neg Q$。

证明：根据上注，只须证明 $\neg(P \vee Q) \leftrightarrow \neg P \wedge \neg Q$ 是永真公式。

根据此公式的真值表 (见表 6-9)，结论成立。除了根据真值表判断两个命题公式是否等值之外，下面给出一些重要的等值式。

表 6-9

P	Q	$\neg P$	$\neg Q$	$P \vee Q$	$\neg(P \vee Q)$	$\neg P \wedge \neg Q$	$\neg(P \vee Q) \leftrightarrow \neg P \wedge \neg Q$
f	f	t	t	f	t	t	t
f	t	t	f	t	f	f	t
t	f	f	t	t	f	f	t
t	t	f	f	t	f	f	t

定理 6.1.1　若 A, B, C 为任意命题公式，t 为永真公式，f 为永假公式，则下

列等值式成立:

(1) $\neg\neg A \Leftrightarrow A$ (双重否定律);

(2) $A \vee t \Leftrightarrow t$, $A \wedge f \Leftrightarrow f$ (零律);

(3) $A \vee f \Leftrightarrow A$, $A \wedge t \Leftrightarrow A$ (同一律);

(4) $A \vee \neg A \Leftrightarrow t$ (排中律);

(5) $A \wedge \neg A \Leftrightarrow f$ (矛盾律);

(6) $A \vee A \Leftrightarrow A$, $A \wedge A \Leftrightarrow A$ (幂等律);

(7) $A \vee B \Leftrightarrow B \vee A$, $A \wedge B \Leftrightarrow B \wedge A$ (交换律);

(8) $\neg(A \vee B) \Leftrightarrow \neg A \wedge \neg B$, $\neg(A \wedge B) \Leftrightarrow \neg A \vee \neg B$ (德·摩根律);

(9) $A \vee (A \wedge B) \Leftrightarrow A$, $A \wedge (A \vee B) \Leftrightarrow A$ (吸收律);

(10) $A \rightarrow B \Leftrightarrow \neg A \vee B$ (蕴含等值式);

(11) $A \leftrightarrow B \Leftrightarrow (A \rightarrow B) \wedge (B \rightarrow A)$ (等价等值式);

(12) $(A \vee B) \vee C \Leftrightarrow A \vee (B \vee C)$, $(A \wedge B) \wedge C \Leftrightarrow A \wedge (B \wedge C)$ (结合律);

(13) $A \vee (B \wedge C) \Leftrightarrow (A \vee B) \wedge (A \vee C)$ (分配律),

　　　$A \wedge (B \vee C) \Leftrightarrow (A \wedge B) \vee (A \wedge C)$ (分配律);

(14) $(A \rightarrow B) \wedge (A \rightarrow \neg B) \Leftrightarrow \neg A$ (归谬论);

(15) $A \leftrightarrow B \Leftrightarrow \neg A \leftrightarrow \neg B$ (等价否定等值式);

(16) $A \rightarrow B \Leftrightarrow \neg B \rightarrow \neg A$ (逆反律)。

定义 6.1.10　由已知的等值式推演出另外一些等值式的过程称为**等值演算**。

在等值演算的过程中, 经常会用到所谓的置换规则。

定理 6.1.2(置换规则)　若 $\Phi(A)$ 是含有公式 A 的命题公式, $\Phi(B)$ 是将其中所有公式 A 换做公式 B 之后得到的的命题公式, 若 $A \Leftrightarrow B$, 则有:$\Phi(A) \Leftrightarrow \Phi(B)$。

列真值表法和等值演算法是证明两个公式等值的两种基本方法。

例 6.1.6　证明下列等值式:

(1) $(P \rightarrow Q) \rightarrow Q \Leftrightarrow P \vee Q$; (2) $(P \vee Q) \wedge \neg(P \wedge Q) \Leftrightarrow \neg(P \leftrightarrow Q)$。

证明：(1) $(P \rightarrow Q) \rightarrow Q \Leftrightarrow \neg(\neg P \vee Q) \vee Q$ (蕴含等值式, 两次置换规则)

$\Leftrightarrow (P \wedge \neg Q) \vee Q$ (德·摩根律)

$\Leftrightarrow (P \vee Q) \wedge (\neg Q \vee Q)$ (分配律)

$\Leftrightarrow (P \vee Q) \wedge t$ (排中律, 置换规则)

$\Leftrightarrow P \vee Q$ (同一律)

(2) $(P \vee Q) \wedge \neg (P \wedge Q) \Leftrightarrow \neg\neg((P \vee Q) \wedge \neg(P \wedge Q))$ (双重否定律)

$\Leftrightarrow \neg(\neg(P \vee Q) \vee (P \wedge Q))$ (德·摩根律)

$\Leftrightarrow \neg((\neg P \wedge \neg Q) \vee (P \wedge Q))$ (德·摩根律)

$\Leftrightarrow \neg((\neg P \vee (P \wedge Q)) \wedge (\neg Q \vee (P \wedge Q)))$ (分配律)

$\Leftrightarrow \neg((\neg P \vee P) \wedge (\neg P \vee Q) \wedge (\neg Q \vee P) \wedge (\neg Q \vee Q))$ (分配律)

$\Leftrightarrow \neg(t \wedge (\neg P \vee Q) \wedge (\neg Q \vee P) \wedge t)$ (排中律)

$\Leftrightarrow \neg((\neg P \vee Q) \wedge (\neg Q \vee P))$ (同一律)

$\Leftrightarrow \neg((P \to Q) \wedge (Q \to P))$ (蕴含等值式)

$\Leftrightarrow \neg(P \leftrightarrow Q)$ (等价等值式)。

注 此例 (2) 中，也可以先用列真值表法证明 $\neg(P \leftrightarrow Q) \Leftrightarrow \neg P \leftrightarrow Q$，再证明 $(P \vee Q) \wedge \neg(P \wedge Q) \Leftrightarrow \neg P \leftrightarrow Q$。读者不妨亲自试一试。

下面分析实际生活中的一个例子。

例 6.1.7 在某次学术会议上，3 名与会者根据王教授的口音对他来自于哪个地方进行了如下判断:

甲说: 王教授不是苏州人，是上海人;

乙说: 王教授不是上海人，是苏州人;

丙说: 王教授不是上海人，也不是杭州人。

听完三人的判断后，王教授说: 你们三人有一人说得全对，一人说对了一半，另一人说得全不对。试用逻辑演算法分析王教授到底是哪里人?

解: 设如下命题

P: 王教授是苏州人，Q: 王教授是上海人，R: 王教授是杭州人。

则 P, Q, R 中必有一个真命题，两个假命题。现通过逻辑演算找出其中的真命题。作如下假设:

甲的判断为 $A_1 = \neg P \wedge Q$，乙的判断为 $A_2 = P \wedge \neg Q$，丙的判断为 $A_3 = \neg Q \wedge \neg R$。则有

甲的判断全对: $B_1 = A_1 = \neg P \wedge Q$,

甲的判断对一半: $B_2 = (\neg P \wedge \neg Q) \vee (P \wedge Q)$,

甲的判断全错: $B_3 = P \wedge \neg Q$;

乙的判断全对: $C_1 = A_2 = P \wedge \neg Q$,

乙的判断对一半: $C_2 = (P \wedge Q) \vee (\neg P \wedge \neg Q)$,

乙的判断全错：$C_3 = \neg P \wedge Q$；

丙的判断全对：$D_1 = A_3 = \neg Q \wedge \neg R$，

丙的判断对一半：$D_2 = (Q \wedge \neg R) \vee (\neg Q \wedge R)$，

丙的判断全错：$D_3 = Q \wedge R$。

根据王教授所说，知

$$E = (B_1 \wedge C_2 \wedge D_3) \vee (B_1 \wedge C_3 \wedge D_2) \vee (B_2 \wedge C_1 \wedge D_3) \vee (B_2 \wedge C_3 \wedge D_1) \vee$$
$$(B_3 \wedge C_1 \wedge D_2) \vee (B_3 \wedge C_2 \wedge D_1)$$

为真命题，而且

$$B_1 \wedge C_2 \wedge D_3 = (\neg P \wedge Q) \wedge ((P \wedge Q) \vee (\neg P \wedge \neg Q)) \wedge (Q \wedge R)$$
$$\Leftrightarrow (\neg P \wedge Q \wedge \neg R) \vee (\neg P \wedge Q \wedge \neg Q \wedge R) \Leftrightarrow f$$

同理可得：

$$B_1 \wedge C_3 \wedge D_2 \Leftrightarrow f, \ B_2 \wedge C_1 \wedge D_3 \Leftrightarrow f, \ B_2 \wedge C_3 \wedge D_1 \Leftrightarrow f$$
$$B_3 \wedge C_1 \wedge D_2 \Leftrightarrow P \wedge \neg Q \wedge R, \ B_3 \wedge C_1 \wedge D_1 \Leftrightarrow f$$

故根据同一律，可得 $E \Leftrightarrow (\neg P \wedge Q \wedge \neg R) \vee (P \wedge \neg Q \wedge R)$。但因为王教授不可能既是上海人，又是杭州人，因而，P, R 中必有一个假命题，即 $\neg P \wedge Q \wedge \neg R \Leftrightarrow f$。所以，$E \Leftrightarrow \neg P \wedge Q \wedge \neg R$ 是真命题，故必有 P, R 为假命题，Q 是真命题。

即王教授是上海人。甲说的全对，丙说对了一半，乙说的全错了。

6.2　析取范式与合取范式

运用等值演算的方法，给出含有 n 个命题变元的公式的标准形式 —— 范式。这种标准形式能表达真值表给出的一切信息。

定义 6.2.1　命题变元及其否定称为**文字**，仅有有限个文字构成的析取式称为**简单析取式**，仅有有限个文字构成的合取式称为**简单合取式**。

例 6.2.1　若 P, Q 都是命题变元，$P \vee \neg Q$，$\neg P \vee Q$ 都是简单析取式，而 $\neg P \wedge \neg Q$ 是简单合取式。

注　(1) 一个简单析取式是重言式，当且仅当它同时含有某个命题变元及其否定式；

(2) 一个简单合取式是矛盾式，当且仅当它同时含有某个命题变元及其否定式。

定义 6.2.2   由有限个简单合取式构成的析取式称为**析取范式**, 由有限个简单析取式构成的合取式称为**合取范式**, 析取范式和合取范式统称为**范式**。

任何一个命题公式都可以通过如下步骤求出它的析取范式或合取范式:

(1) 将公式中的联结词化归成 $\vee$, $\wedge$ 和 $\neg$ 的形式;

(2) 利用德·摩根律将否定联结词 $\neg$ 移到各个命题变元之前;

(3) 利用分配律、结合律将公式归约为其析取范式或合取范式。

对于任何命题公式, 经过上述三个步骤都可以得到一个与之等值的析取范式与合取范式。故如下定理是显然的。

定理 6.2.1(范式存在定理)   任何命题公式都存在一个与之等值的析取范式与合取范式。

例 6.2.2   求下列命题公式 $(P \to Q) \leftrightarrow R$ 的析取范式。

解: $(P \to Q) \leftrightarrow R \Leftrightarrow (\neg P \vee Q) \leftrightarrow R$

$\Leftrightarrow ((P \wedge \neg Q) \vee R) \wedge (\neg P \vee Q \vee \neg R)$

$\Leftrightarrow (P \wedge \neg Q \wedge \neg P) \vee (P \wedge \neg Q \wedge Q) \vee (P \wedge \neg Q \wedge \neg R) \vee$

$(R \wedge \neg P) \vee (R \wedge Q) \vee (R \wedge \neg R)$

$\Leftrightarrow (P \wedge \neg Q \wedge \neg R) \vee (\neg P \wedge R) \vee (Q \wedge \neg R)$

例 6.2.3   求命题公式 $(P \wedge (Q \to R)) \to S$ 的合取范式。

解: $(P \wedge (Q \to R)) \to S \Leftrightarrow (P \wedge (\neg Q \vee R)) \to S$

$\Leftrightarrow \neg((P \wedge (\neg Q \vee R))) \vee S$

$\Leftrightarrow \neg P \vee (Q \wedge \neg R)) \vee S$

$\Leftrightarrow (\neg P \vee S) \vee (Q \wedge \neg R)$

$\Leftrightarrow (\neg P \vee S \vee Q) \wedge (\neg P \vee S \vee \neg R)$

析取范式与合取范式还具有如下性质:

注   (1) 一个析取范式是矛盾式, 当且仅当它的每个简单合取式都是矛盾式;

(2) 一个合取范式是重言式, 当且仅当它的每个简单析取式都是重言式。

一个命题公式的析取范式或合取范式往往不是唯一的, 例如 $P \vee (Q \wedge R)$ 是一个析取范式, 但它也可以写作:

$$P \vee (Q \wedge R) \Leftrightarrow (P \vee Q) \wedge (P \vee R) \Leftrightarrow$$

$$(P \wedge P) \vee (P \wedge R) \vee (Q \wedge P) \vee (Q \wedge R)$$

为求出命题公式的唯一规范化的范式，下面引入主范式的有关概念。

定义 6.2.3 在含有 n 个命题变元的简单合取式(简单析取式)中，若每个命题变元和它的否定式不同时出现，而二者必出现仅一次，且第 i 个命题变元或它的否定式出现在从左算起的第 i 位上(若命题变元无下标，就按字典顺序排列)，则称这样的简单合取式(简单析取式)为**极小项**(**极大项**)。

例 6.2.4 两个命题变元 P, Q，其对应的极小项为：

$$P \wedge Q, \ P \wedge \neg Q, \ \neg P \wedge Q, \ \neg P \wedge \neg Q$$

其对应的极大项为

$$P \vee Q, \ \neg P \vee Q, \ P \vee \neg Q, \ \neg P \vee \neg Q$$

一般的，n 个命题变元共有 2^n 个极小项和 2^n 个极大项。表 6-10 和表 6-11 中分别给出了三个命题变元 P, Q, R 对应的极小项和极大项(为方便起见，真值 t 和 f 分别用 1 和 0 代替)。其中每个极小项都有且仅有一个成真赋值。若成真赋值所对应的二进制数转化为十进制数为 i，就将对应的极小项记为 m_i；类似的，每个极大项有且仅有一个成假赋值，将其对应的十进制数 i 作为极大项的下标，对应的极大项记为 M_i。

表 6-10

公式	成真赋值	名称
$\neg P \wedge \neg Q \wedge \neg R$	0, 0, 0	m_0
$\neg P \wedge \neg Q \wedge R$	0, 0, 1	m_1
$\neg P \wedge Q \wedge \neg R$	0, 1, 0	m_2
$\neg P \wedge Q \wedge R$	0, 1, 1	m_3
$P \wedge \neg Q \wedge \neg R$	1, 0, 0	m_4
$P \wedge \neg Q \wedge R$	1, 0, 1	m_5
$P \wedge Q \wedge \neg R$	1, 1, 0	m_6
$P \wedge Q \wedge R$	1, 1, 1	m_7

表 6-11

公式	成假赋值	名称
$P \vee Q \vee R$	0, 0, 0	M_0
$P \vee Q \vee \neg R$	0, 0, 1	M_1
$P \vee \neg Q \vee R$	0, 1, 0	M_2
$P \vee \neg Q \vee \neg R$	0, 1, 1	M_3
$\neg P \vee Q \vee R$	1, 0, 0	M_4
$\neg P \vee Q \vee \neg R$	1, 0, 1	M_5
$\neg P \vee \neg Q \vee R$	1, 1, 0	M_6
$\neg P \vee \neg Q \vee \neg R$	1, 1, 1	M_7

根据表 6-10 和 6-11，下面的注是显然的。

注 设 m_i 与 M_i 是命题变元 $P_1, P_2, \cdots, P_n$ 形成的极小项和极大项，则有：

$$\neg m_i \Leftrightarrow M_i, \ \neg M_i \Leftrightarrow m_i$$

定义 6.2.4 若由 n 个命题变元构成的析取范式 (合取范式) 中所有的简单合取式 (简单析取式) 都是极小项 (极大项), 则称该析取范式 (合取范式) 为**主析取范式**(**主合取范式**)。

定理 6.2.2 任何命题公式都存在唯一的与之等值的主析取范式和主合取范式。

证明: 这里只证明主析取范式的存在性和唯一性, 关于主合取范式的情形, 可类似得到证明, 从略。

先证明主析取范式的存在性。设 A 是任一含有 n 个命题变元的公式。根据定理 6.2.1, 存在一个与 A 等值的析取范式 A^*, 即 $A \Leftrightarrow A^*$。若 A^* 的某个简单合取式 A_i 中既不含命题变元 P_i, 也不含它的否定式 $\neg P_i$, 则将 A^* 展成如下形式:

$$A_i \Leftrightarrow A_i \wedge t \Leftrightarrow A_i \wedge (P_i \vee \neg P_i) \Leftrightarrow (A_i \wedge P_i) \vee (A_i \wedge \neg P_i)$$

继续这个过程, 直到所有的简单合取式都含有任意命题变元或它的否定式。

若在演算过程中出现重复出现的命题变元以及极小项和矛盾式时, 都应"消去": 用命题变元 P 代替 $P \wedge P$, 命题公式 C 代替 $C \vee C$, f 代替矛盾式等。最后将 A 化成与之等值的主析取范式 A'。

下面证明主析取范式的唯一性。若某一命题公式 A 存在两个与之等值的主析取范式 B 和 C, 即 $A \Leftrightarrow B$, 且 $A \Leftrightarrow C$。则有 $B \Leftrightarrow C$。因为 B 和 C 是两个不同的主析取范式, 不妨设极小项 m_i 只出现在 B 中而不出现 C 中, 则下标 i 对应的二进制表示 B 的成真赋值, 而为 C 的成假赋值, 这与 $B \Leftrightarrow C$ 矛盾。故 B, C 必相同。证毕。

例 6.2.5 求命题公式 $P \to ((P \to Q) \wedge \neg(\neg Q \vee \neg P))$ 的主析取范式。

解:
$$
\begin{aligned}
P \to ((P \to Q) \wedge \neg(\neg Q \vee \neg P)) &\Leftrightarrow \neg P \vee ((\neg P \vee Q) \wedge (Q \wedge P)) \\
&\Leftrightarrow \neg P \vee ((\neg P \wedge Q \wedge P) \vee (Q \wedge Q \wedge P)) \\
&\Leftrightarrow \neg P \vee (\neg P \wedge Q \wedge P) \vee (Q \wedge P) \\
&\Leftrightarrow \neg P \vee (Q \wedge P) \\
&\Leftrightarrow (\neg P \wedge (Q \vee \neg Q)) \vee (Q \wedge P) \\
&\Leftrightarrow (\neg P \wedge Q) \vee (\neg P \wedge \neg Q) \vee (Q \wedge P)
\end{aligned}
$$

例 6.2.6 求下列命题公式 $(P \wedge Q) \vee (\neg P \wedge R)$ 的主合取范式。

解: $(P \wedge Q) \vee (\neg P \wedge R) \Leftrightarrow ((P \wedge Q) \vee \neg P) \wedge ((P \wedge Q) \vee R)$

$$\Leftrightarrow (P \vee \neg P) \wedge (Q \vee \neg P) \wedge (P \vee R) \wedge (Q \vee R)$$

$$\Leftrightarrow (Q \vee \neg P) \wedge (P \vee R) \wedge (Q \vee R)$$

$$\Leftrightarrow (Q \vee \neg P \vee (R \wedge \neg R)) \wedge (P \vee R \vee (Q \wedge \neg Q)) \wedge$$
$$(Q \vee R \vee (P \wedge \neg P))$$

$$\Leftrightarrow (Q \vee \neg P \vee R) \wedge (Q \vee \neg P \vee \neg R) \wedge (P \vee R \vee Q) \wedge$$
$$(P \vee R \vee \neg Q) \wedge (Q \vee R \vee P) \wedge (Q \vee R \vee \neg P)$$

$$\Leftrightarrow (Q \vee \neg P \vee R) \wedge (Q \vee \neg P \vee \neg R) \wedge (P \vee R \vee Q) \wedge$$
$$(P \vee R \vee \neg Q)$$

最后介绍一下主析取范式的用途 (主合取范式可做类似讨论)。主析取范式主要有以下两类用途:

(1) 判断命题公式的类型。

设命题公式 A 中含有 n 个命题变元,易见:

1) A 为重言式,当且仅当 A 的主析取范式含有全部 2^n 个极小项;

2) A 为矛盾式,当且仅当 A 的主析取范式不含任何极小项;

3) A 为可满足公式,当且仅当 A 的主析取范式至少含有 1 个极小项。

(2) 判断两个命题公式是否等值。

若公式 A, B 都含有 n 个相同的命题变元,且 A, B 有相同的主析取范式 (或主合取范式),则有 $A \Leftrightarrow B$,否则,有 $A \nLeftrightarrow B$。

例 6.2.7 利用主析取范式判断下列两组公式是否等值。

(1) $(P \wedge Q) \vee (\neg P \wedge Q \wedge R)$ 与 $(P \vee (Q \wedge R)) \wedge (Q \vee (\neg(P \wedge R)))$;

(2) $(P \rightarrow Q) \rightarrow R$ 与 $(P \wedge Q) \rightarrow R$。

解: (1) 两公式均含有 3 个相同的命题变元,且

$$(P \wedge Q) \vee (\neg P \wedge Q \wedge R) \Leftrightarrow (P \wedge Q \wedge \neg R) \vee (P \wedge Q \wedge R) \vee (\neg P \wedge Q \wedge R),$$

$$(P \vee (Q \wedge R)) \wedge (Q \vee (\neg(P \wedge R)) \Leftrightarrow (P \wedge Q) \vee (P \wedge Q \wedge R) \vee (Q \wedge R) \vee (\neg P \wedge Q \wedge R)$$

$$\Leftrightarrow (P \wedge Q) \vee (Q \wedge R) \vee (\neg P \wedge Q \wedge R)$$

$$\Leftrightarrow (P \wedge Q \wedge \neg R) \vee (P \wedge Q \wedge R) \vee (\neg P \wedge Q \wedge R)$$

故 $(P \wedge Q) \vee (\neg P \wedge Q \wedge R) \Leftrightarrow (P \vee (Q \wedge R)) \wedge (Q \vee (\neg(P \wedge R)))$。

(2) 两公式均含有 3 个相同的命题变元,且

$$(P \rightarrow Q) \rightarrow R \Leftrightarrow \neg(\neg P \vee Q) \vee R \Leftrightarrow (P \wedge \neg Q) \vee R$$

$$\Leftrightarrow (P \wedge \neg Q \wedge (R \vee \neg R)) \vee (R \wedge (P \vee \neg P) \wedge (Q \vee \neg Q))$$

$$\Leftrightarrow (P \wedge \neg Q \wedge R) \vee (P \wedge \neg Q \wedge \neg R) \vee (R \wedge P \wedge Q) \vee$$
$$(R \wedge P \wedge \neg Q) \vee (R \wedge \neg P \wedge Q) \vee (R \wedge \neg P \wedge \neg Q)$$
$$\Leftrightarrow (P \wedge \neg Q \wedge R) \vee (P \wedge \neg Q \wedge \neg R) \vee (P \wedge Q \wedge R) \vee (\neg P \wedge Q \wedge R)$$
$$\vee (\neg P \wedge \neg Q \wedge R)$$
$$(P \wedge Q) \to R \Leftrightarrow \neg(P \wedge Q) \vee R \Leftrightarrow P \vee \neg Q \vee R$$
$$\Leftrightarrow (\neg P \wedge (Q \vee \neg Q) \wedge (R \vee \neg R)) \vee ((P \vee \neg P) \wedge \neg Q \wedge (R \vee \neg R)) \vee$$
$$((P \vee \neg P) \wedge (Q \vee \neg Q) \wedge R)$$
$$\Leftrightarrow (\neg P \wedge Q \wedge R) \vee (\neg P \wedge Q \wedge \neg R) \vee (\neg P \wedge \neg Q \wedge R) \vee (\neg P \wedge \neg Q \wedge \neg R) \vee$$
$$(P \wedge \neg Q \wedge R) \vee (P \wedge \neg Q \wedge \neg R) \vee (\neg P \wedge \neg Q \wedge R) \vee (\neg P \wedge \neg Q \wedge \neg R) \vee$$
$$(P \wedge Q \wedge R) \vee (P \wedge \neg Q \wedge R) \vee (\neg P \wedge Q \wedge R) \vee (\neg P \wedge \neg Q \wedge R)$$
$$\Leftrightarrow (\neg P \wedge \neg Q \wedge \neg R) \vee (\neg P \wedge \neg Q \wedge R) \vee (\neg P \wedge Q \wedge \neg R) \vee (\neg P \wedge Q \wedge R) \vee$$
$$(P \wedge \neg Q \wedge \neg R) \vee (P \wedge \neg Q \wedge R) \vee (P \wedge Q \wedge R)$$

故 $(P \to Q) \to R \nLeftrightarrow (P \wedge Q) \to R$。

6.3 命题演算的推理理论

定义 6.3.1 由一个判断推出另一个判断的过程称为**推理**，推出的判断称为**结论**，推出结论的那些判断称为**前提**。

从真实的前提出发，推出的结论是否真实可信，还要看使用的推理形式是否正确。在命题演算中，我们用永真的蕴含式来描述正确的推理形式。

定义 6.3.2 若 $H_1 \wedge H_2 \wedge \cdots H_n \to C$ 是一个永真公式，则称公式 C 能由 $H_1, H_2, \cdots, H_n$**有效推出**。$H_1, H_2, \cdots, H_n$ 称为 C 的**前提**，C 称为 H_1，$H_2, \cdots, H_n$ 的**结论**，记作 $H_1, H_2, \cdots, H_n \Rightarrow C$。

例 6.3.1 判断下列推理是否正确。

(1) 若 a 能被 4 整除，则 a 能被 2 整除。a 能被 4 整除，所以 a 能被 2 整除。

(2) 若 a 能被 4 整除，则 a 能被 2 整除。a 能被 2 整除，所以 a 能被 4 整除。

解： 判断下列推理的正确与否，首先须将简单命题符号化。

(1) 设 P: a 能被 4 整除，Q: a 能被 2 整除。

前提: $P \to Q$，P，结论: Q。

容易验证 $(P \to Q) \wedge Q \to Q$ 是永真式，故此推理是正确的；

(2) P, Q 如 (1) 中所设。易见

前提: $P \to Q$, Q,　　结论:P。

则此推理的形式结构为 $(P \to Q) \wedge Q \to P$。

可以用列真值表的方法验证上式不是永真式, 比如 P 的真值是 f, 而 Q 的真值是 t 时, $(P \to Q) \wedge Q \to P$ 的真值是 f。

故此推理是错误的。

下面给出一些常见的有效推理形式:

P, $Q \Rightarrow P$;　P, $Q \Rightarrow Q$;　$\neg P$, $P \vee Q \Rightarrow Q$;　$P \to Q \Rightarrow \neg Q \to \neg P$;

P, $P \to Q \Rightarrow Q$;　$P \to Q$, $Q \to R \Rightarrow P \to R$;　$P \vee Q$, $P \to R$, $Q \to R \Rightarrow R$。

例 6.3.2　证明:P, $P \vee Q$, $\neg(P \wedge Q) \Rightarrow \neg Q$。

证明: 因为
$$P \wedge (P \vee Q) \wedge (\neg(P \wedge Q)) \to \neg Q \Leftrightarrow (P \wedge P) \vee (P \wedge Q) \wedge \neg(P \wedge Q) \to \neg Q$$
$$\Leftrightarrow P \vee (P \wedge Q) \wedge \neg(P \wedge Q) \to \neg Q$$
$$\Leftrightarrow P \wedge \neg(P \wedge Q) \to \neg Q$$
$$\Leftrightarrow \neg(P \wedge \neg(P \wedge Q)) \vee \neg Q$$
$$\Leftrightarrow \neg P \vee (P \wedge Q) \vee \neg Q$$
$$\Leftrightarrow ((\neg P \vee P) \wedge (\neg P \vee Q)) \vee \neg Q$$
$$\Leftrightarrow (\neg P \vee Q) \vee \neg Q$$
$$\Leftrightarrow \neg P \vee t$$
$$\Leftrightarrow t$$

由定义知 P, $P \vee Q$, $\neg(P \wedge Q) \Rightarrow \neg Q$, 结论得证。

人们在研究推理的过程中, 发现了一些重要的重言蕴含式, 将这些重言蕴含式称为**推理定律**。下面我们列出九条重要的推理定律:

(1) $A \Rightarrow (A \vee B)$ (附加律);

(2) $(A \wedge B) \Rightarrow A$ (化简律);

(3) $(A \to B) \wedge A \Rightarrow B$ (假言推理);

(4) $(A \to B) \wedge \neg B \Rightarrow \neg A$ (拒取式);

(5) $(A \vee B) \wedge \neg B \Rightarrow A$ (析取三段论);

(6) $(A \to B) \wedge (B \to C) \Rightarrow A \to C$ (假言三段论);

(7) $(A \leftrightarrow B) \wedge (B \leftrightarrow C) \Rightarrow A \leftrightarrow C$ (等价三段论);

(8) $(A \to B) \wedge (C \to D) \wedge (A \vee C) \Rightarrow (B \vee D)$ (构造性两难),

$(A \to B) \land (\neg A \to B) \land (A \lor \neg A) \Rightarrow B$ (构造性两难的特殊形式);

(9) $(A \to B) \land (C \to D) \land (\neg B \lor \neg D) \Rightarrow (\neg A \lor \neg C)$ (破坏性两难)。

根据上面的结论，我们容易得到如下两个注。

注 1　若 $H \Rightarrow C_1$，且 $H \Rightarrow C_2$，则有 $H \Rightarrow C_1 \land C_2$。

注 2　若 $A \Rightarrow B$，且 $B \Rightarrow C$，则有 $A \Rightarrow C$。

我们可以用真值表法和等值演算法来验证推理形式的有效性。

定义 6.3.3　若从前提集 $\{H_1, H_2, \cdots, H_n\}$ 出发，可以得到公式序列 $\{S_1, S_2, \cdots, S_m\}$，其满足如下性质:

(1) S_m 恰为公式 C;

(2) 对于 $i \leqslant m$，S_i 是前提，或者 S_i 可由前面的一些公式有效推出。

这时称 $S_1, S_2, \cdots, S_m$ 是 $H_1, H_2, \cdots, H_n \Rightarrow C$ 的一种**形式证明**，完成这种形式证明的过程称为**形式推理**。

定理 6.3.1　推理式 $H_1, H_2, \cdots, H_n \Rightarrow C$ 成立，当且仅当从前提集 $\{H_1, H_2, \cdots, H_n\}$ 出发能够得到一种推出 C 的形式证明。

证明: 必要性　若 $H_1, H_2, \cdots, H_n \Rightarrow C$ 成立，则 $\{H_1, H_2, \cdots, H_n, C\}$ 就是它的形式证明;

充分性　设 $S_1, S_2, \cdots, S_m$ 是从 $H_1, H_2, \cdots, H_n$ 推出 C 的一种形式证明，下面我们对公式的下标 i 用数学归纳法证明下列结论:

$$H_1, H_2, \cdots, H_n \Rightarrow S_i$$

因为 S_1 是第一个公式，它只能有某一个前提 H_j，而

$$H_1 \land H_2 \land \cdots \land H_j \land \cdots \land H_n \Rightarrow H_j$$

是一个永真公式，所以有:

$$H_1, H_2, \cdots, H_n \Rightarrow S_1$$

假设当 $i < k$ 时，有 $H_1, H_2, \cdots, H_n \Rightarrow S_i$。现在我们需证明 $H_1, H_2, \cdots, H_n \Rightarrow S_k$。则 S_k 或者是前提，或者可由它前面的公式有效推出。当 S_k 是前提时，结论显然成立。否则，存在自然数 $j_1, j_2, \cdots, j_t$，使得

$$S_{j_1}, S_{j_2}, \cdots, S_{j_t} \Rightarrow S_k$$

其中 $t \geqslant 1$，且 $1 \leqslant j_1 < j_2 < \cdots < j_t < k$。由归纳假设，有

$$H_1, H_2, \cdots, H_n \Rightarrow S_{j_1}$$

$$H_1, H_2, \cdots, H_n \Rightarrow S_{j_2}$$

$$\cdots\cdots$$

$$H_1, H_2, \cdots, H_n \Rightarrow S_{j_t}$$

所以，根据注 1 有

$$H_1, H_2, \cdots, H_n \Rightarrow S_{j_1} \wedge S_{j_2} \wedge \cdots \wedge S_{j_t}$$

由注 2 得

$$H_1, H_2, \cdots, H_n \Rightarrow S_k$$

根据归纳原理，有 $H_1, H_2, \cdots, H_n \Rightarrow S_i$，对任意 $1 \leqslant i \leqslant m$。而 S_m 恰为公式 C，从而有 $H_1, H_2, \cdots, H_n \Rightarrow C$。结论成立。

定理 6.3.2　若 $H_1, H_2, \cdots, H_n, H \Rightarrow C$，则有：$H_1, H_2, \cdots, H_n \Rightarrow H \rightarrow C$。

证明：容易证明

$$(P \wedge Q) \rightarrow R \leftrightarrow P \rightarrow (Q \rightarrow R)$$

是永真公式 (证明留作练习)，故它的替换实例

$$((H_1 \wedge H_2 \wedge \cdots \wedge H_n) \wedge H) \rightarrow C \leftrightarrow (H_1 \wedge H_2 \wedge \cdots \wedge H_n) \rightarrow (H \rightarrow C)$$

也是永真公式。所以，当 $H_1, H_2, \cdots, H_n, H \Rightarrow C$ 成立时，有 $H_1, H_2, \cdots, H_n \Rightarrow H \rightarrow C$。结论成立。

此外，在形式推理的过程中引入新的公式可使用如下规则：

(1) **P 规则**：随时可以从前提集中引入公式。

(2) **T 规则**：随时可以引入能从前面的公式有效推出的公式。

(3) **CP 规则**：若 H 是前提，C 是已引入的公式，那么可引入公式 $H \rightarrow C$。

例 6.3.3　证明：$P \vee Q, P \rightarrow S, Q \rightarrow R \Rightarrow \neg R \rightarrow S$。

证明：(1)　$\neg R$　　　　　　　引入假设

　　　　(2)　$Q \rightarrow R$　　　　　　P

　　　　(3)　$\neg Q$　　　　　　　　　$T_{(1), (2)}$

(4)	$P \vee Q$	P
(5)	P	$T_{(3), (4)}$
(6)	$P \to S$	P
(7)	S	$T_{(5), (6)}$
(8)	$\neg R \to S$	$CP_{(1), (7)}$

例 6.3.4 证明: $A \to (B \to C)$, $\neg D \vee A$, $B \Rightarrow D \to C$。

证明:

(1)	D	引入假设
(2)	$\neg D \vee A$	P
(3)	A	$T_{(1), (2)}$
(4)	$A \to (B \to C)$	P
(5)	$B \to C$	$T_{(3), (4)}$
(6)	B	P
(7)	C	$T_{(5), (6)}$
(8)	$D \to C$	$CP_{(1), (7)}$

反证法是一种重要的间接证明方法,也是离散数学中主要证明方法之一。最后介绍形式推理中的间接证明。

定理 6.3.3 若 A, $\neg C \Rightarrow B \wedge \neg B$, 则有 $A \Rightarrow C$。

证明: 因为 $A \wedge \neg C \Leftrightarrow \neg(A \to C)$, 且 $B \wedge \neg B$ 是永假公式,故根据已知条件 $A \wedge \neg C \Rightarrow B \wedge \neg B$, 从而有 $\neg(A \to C) \Leftrightarrow f$。所以,我们有 $A \to C$ 是永真公式,证毕。

我们把 A, $\neg C \Rightarrow B \wedge \neg B$ 的形式证明称为 $A \Rightarrow C$ 的间接证明,这种证明方法也称为**反证法**(或**归谬法**)。下面是一个间接证明的例子。

例 6.3.5 证明:$(P \to Q) \to Q \Rightarrow P \vee Q$。

证明:

(1)	$\neg(P \vee Q)$	反证法引入的假设
(2)	$\neg P \wedge \neg Q$	$T_{(1)}$
(3)	$\neg P$	$T_{(2)}$
(4)	$\neg Q$	$T_{(2)}$
(5)	$(P \to Q) \to Q$	P
(6)	$\neg Q \to \neg(P \to Q)$	$T_{(5)}$
(7)	$\neg(P \to Q)$	$T_{(4), (6)}$

(8)　$P \wedge \neg Q$ 　　　　　　$T_{(7)}$

(9)　P 　　　　　　$T_{(8)}$

(10)　$P \wedge \neg P$ 　　　　　　$T_{(3),\,(9)}$

6.4　谓词演算

在命题逻辑中，命题是最基本的单位，简单命题不能再进行分解，且不考虑命题之间的内在联系和数量关系。所以命题逻辑具有一定的局限性，甚至无法判断一些常见的推理形式的有效性。例如如下推理：

所有偶数都能被 2 整除。

8 是偶数。

所以，8 能被 2 整除。

这个推理是数学中大家公认的真命题，但是在命题逻辑中却无法判断它的正确性。因为在命题逻辑中，我们只能将上述三个命题一次设为 P, Q, R，将上述推理形式符号化为：

$P \wedge Q \rightarrow R$。

但是上式不是永真公式，故无法判断推理的正确性。为克服命题逻辑的局限性，我们将简单命题再细分，以期表达出个体与总体之间的内在联系和数量关系。这就是接下来的两节要学习的谓词逻辑。

定义 6.4.1　若 D 是非空集合，D^n 到真值集合 $\{t, f\}$ 的映射称为 D 上的 n 元谓词，D 称为**个体域**。

例 6.4.1　在"小张和小王是好朋友"中，"小张"和"小王"是这个命题的个体，而"… 和 … 是好朋友"是描述小张和小王之间关系的二元谓词。

例 6.4.2　设 D 是实数集，一元谓词 $Q(x)$ 表示"x 是有理数"，二元谓词 $G(x, y)$"x 大于 y"，则 $Q(3)$ 的真值为 t，而 $G(3, 5)$ 的真值为 f。

注　一般的，一元谓词表达了个体的"性质"，多元谓词表达了个体之间的"关系"。

必须指出，n 元谓词只是描述了一个个体 (原子命题所描述的对象) 的性质或多个个体之间的关系，它反映了一类命题的结构，但本身不是命题。

定义 6.4.2　表示具体或特定的客体的个体词称为**个体常项**，一般用小写英文

字母 a, b, c, $\cdots$ 来表示; 表示抽象或泛指的客体的个体词称为**个体变项**, 一般用小写英文字母 x, y, z, $\cdots$ 来表示。表示具体的性质或关系的谓词称为**谓词常项**, 而表示抽象或泛指的性质或关系的谓词称为**谓词变项**。

有时将不含个体变项的谓词称为 0 元谓词, 例如 $F(a)$, $G(a, b)$ 等, 当 F, G 为谓词常项时, 0 元谓词是命题, 所以命题逻辑中的命题均可以表示成 0 元谓词。

有了个体词和谓词之后, 对有些命题来说, 还是不能准确的符号化, 主要是因为还缺少表示个体常项或变项之间数量关系的词, 表示个体常项或变项之间数量关系的词称为**量词**。

定义 6.4.3 短语"对于 D 中任意的 x"称为**全称量词**, 记作 $\forall x$; 短语"D 中存在一个元素 x"称为**存在量词**, 记作 $\exists x$。

一般的, 指出"个体域 D 中的元素都具有性质 P"的判断称为**全称判断**, 指出"个体域 D 中存在某些元素具有性质 Q"的判断称为**特称判断**, 分别记作 $\forall x P(x)$ 和 $\exists x Q(x)$。

例 6.4.3 将下列命题符号化, 并讨论真值。

(1) 对任意的 $x \in \mathbf{N}$, 均有: $x^2 - 3x + 2 = (x-1)(x-2)$;

(2) 存在 $x \in \mathbf{N}$, 使 $x + 5 = 3$;

(3) 有的人登上过月球;

(4) 所有的人都长着黑头发;

(5) 有的奇数是合数。

解: (1) 令 $F(x): x^2 - 3x + 2 = (x-1)(x-2)$, 个体域为 $D = \mathbf{N}$,

命题 (1) 符号化形式为: $\forall x F(x)$, 真值为 t;

(2) 令 $G(x): x + 5 = 3$, 个体域为 $D = \mathbf{N}$,

命题 (2) 符号化形式为: $\exists x G(x)$, 真值为 f;

(3) 令 $M(x): x$ 为人, $P(x): x$ 登上月球,

命题 (3) 符号化形式为: $\exists x (M(x) \land P(x))$,

设 a 是 1969 年登上月球的完成阿波罗计划的一位美国人, 则 $M(a)$ 为真, $P(a)$ 为真, 故 $M(a) \land P(a)$ 为真, 所以上式的真值为 t;

(4) 令 $M(x): x$ 为人, $H(x): x$ 长着黑头发,

命题 (4) 符号化形式为: $\forall x (M(x) \to H(x))$,

设 a 是一位白发老爷爷，则 $M(a)$ 为真，$H(a)$ 为假，故 $M(a) \to H(a)$ 为假，所以上式的真值为 f；

(5) 令 $R(x)$：x 为奇数，$Q(x)$：x 是合数，

命题 (5) 符号化形式为：$\exists x(R(x) \wedge Q(x))$，

设 $a = 9$，则 $R(a)$ 为真，$Q(a)$ 为真，故 $M(a) \wedge P(a)$ 为真，所以上式的真值为 t。

下面给出项的递归定义。

定义 6.4.4　项的递归定义为：

(1) 个体常项和个体变项都是项；

(2) 若 $f(x_1, x_2, \cdots, x_n)$ 是任意的 n 元函数，$t_1, t_2, \cdots, t_n$ 是任意的 n 个项，则 $f(t_1, t_2, \cdots, t_n)$ 是项；

(3) 所有的项都是有限次使用 (1) 和 (2) 得到的。

在谓词逻辑中，命题逻辑中的联结词仍然有与原来相同的意义。下面我们给出谓词公式 (也称为**谓词合式公式**) 的定义。

定义 6.4.5　谓词公式的递归定义为：

(1) 若 $P(x_1, x_2, \cdots, x_n)$ 是 n 元谓词符号，$t_1, t_2, \cdots, t_n$ 是任意的 n 个项，则 $P(t_1, t_2, \cdots, t_n)$ 是公式 (原子公式)；

(2) 若 G、H 是公式，则 $(\neg G)$、$(\neg H)$、$(G \vee H)$、$(G \wedge H)$、$(G \to H)$、$(G \leftrightarrow H)$ 也是公式，G、H 称为这些公式的子公式 (子式)；

(3) 若 G 是公式，x 是个体变项，则 $(\forall x)G$，$(\exists x)G$ 也是公式，x 称为被量化的**变项**(也称为量词的**指导变元**或**作用变元**)，公式 G 称为**量词的作用域**；

(4) 所有的谓词公式都是有限次使用 (1)、(2) 和 (3) 得到的符号串。

例 6.4.4　将《数学分析》中的事实符号化：

对任意给定的 $\varepsilon > 0$，必存在 $\delta > 0$，使得对任意的 x，满足 $|x - a| < \delta$，有 $|f(x) - f(a)| < \varepsilon$。此时即称 $\lim\limits_{x \to a} f(x) = f(a)$。

解：设 $P(x, y)$ 表示 x 大于 y，$Q(x, y)$ 表示 x 小于 y，则 $\lim\limits_{x \to a} f(x) = f(a)$ 可以表示为

$(\forall \varepsilon)(\exists \delta)(\forall x)(((P(\varepsilon, 0) \to P(\delta, 0)) \wedge Q(|x - a|, \delta) \wedge P(|x - a|, 0) \to Q(|f(x) - f(a)|, \varepsilon))$。

定义 6.4.6 若谓词公式有子式 $(\square x)B$，则 B 中的 x 称为**约束变元**，（其中 $\square$ 表示 $\forall$ 或 $\exists$)，谓词公式中不在任一子式中出现的个体变项称为**自由变元**。

例 6.4.5 指出下列谓词公式中的量词作用域及自由变元与约束变元。

(1) $(\exists x)(P(x) \to (\forall y)Q(x, y)) \wedge R(x, z)$;

(2) $(\forall x)(P(x, y) \vee Q(z)) \wedge (\exists y)(R(x, y) \to (\forall z)Q(z))R(x, z)$。

解：(1) $(\exists x)$ 的作用域是 $P(x) \to \forall y(Q(x, y)$，$(\forall y)$ 的作用域是 $Q(x, y)$，x，y 都是约束变元，而 z 是自由变元。

(2) $(\forall x)$ 的作用域是 $P(x, y) \vee Q(z)$，x 是约束变元，y，z 是自由变元；$(\exists y)$ 的作用域是 $R(x, y) \to (\forall z)Q(z)$，$y$ 是约束变元，x，z 是自由变元；$(\forall z)$ 的作用域是 $Q(z)$，z 是约束变元，x，y 是自由变元。

为避免某个变元在同一公式中的约束与自由同时出现，引起概念上的混乱，可以对约束变元进行换名。从而使得一个变元在一个公式中只呈一种形式出现，即呈自由出现或约束出现。一个公式的约束变元所使用的符号是无关紧要的。故 $(\forall x)P(x)$ 与 $(\forall y)P(y)$ 具有相同的意义。

为此，我们可以对谓词公式中的约束变元更换名称符号，称为**约束变元换名**。这种换名遵守以下规则:

(1) 换名时，更改的变元名称范围是量词中的指导变元，以及该量词的作用域中所出现的该变元，而公式的其余部分不变。

(2) 换名时一定要更改为作用域中没有出现的变元名称。

例 6.4.6 对公式 $(\forall x)(\exists y)(P(x, y) \to Q(z, y)) \wedge R(y)$ 进行换名。

解：将约束变元 y 换为 u 后，得: $(\forall x)(\exists u)(P(x, u) \to Q(z, u)) \wedge R(y)$。

同样的道理，对公式中的自由变元也可以更改，这种更改称为**代入**。自由变元的代入，也需遵守一定的规则。这个规则叫做自由变元的**代入规则**。自由变元的代入规则有以下两条:

(1) 对于谓词公式中的自由变元，可以作代入，代入时需对公式中出现的该自由变元的每一处进行。

(2) 用以代入的变元与原公式中的所有变元的名称不等相同。

例 6.4.7 对公式 $(\exists x)P(x) \wedge R(x, y)$ 进行代入。

解：将自由变元 x 换为 z 后，得 $(\exists x)P(x) \wedge R(z, y)$。

需要指出，量词作用域的约束变元，当个体域的元素有限时，客体变元的所有可能的取代是可枚举的。

设个体域是 $\{a_1, a_2, \cdots, a_n\}$，则

$$(\forall x)A(x) \Leftrightarrow A(a_1) \wedge \cdots \wedge A(a_n)$$

$$(\exists x)A(x) \Leftrightarrow A(a_1) \vee \cdots \vee A(a_n)$$

在谓词公式中常包含命题变元和客体变元，当客体变元由确定的客体取代，命题变元用确定的命题取代，一个谓词公式就有确定的真值 t 或 f。自然地，我们可以把命题演算中的等价的概念扩展到谓词演算的公式中来。

定义 6.4.7　对任意两个谓词公式 A, B，若它们有相同的个体域 E，且对 A, B 的任一组变元进行赋值，所得的命题都有相同的真值，则称谓词公式 A 和 B 在 E 上是**等价**的，记作 $A \Leftrightarrow B$。

定义 6.4.8　对任意给定谓词公式 A，其个体域为 E，若对 A 的所有赋值，其真值均为 t，则称 A 为**有效公式**(或**永真公式**)；若对 A 的所有赋值，其真值均为 f，则称 A 为**永假公式**；若在 E 中至少存在一种赋值，使得 A 的真值是 t，则称 A 为**可满足公式**。

对命题演算中的任一永真公式的同一命题变元，用同一公式取代时，所得公式仍为永真式。类似的，当谓词公式替代命题演算中永真公式的变元时，所得谓词公式即为有效公式。故命题演算中的等价公式表和蕴含式表都可以推广到谓词演算中使用。例如

$$(\forall x)(P(x) \to Q(x)) \Leftrightarrow (\forall x)(\neg P(x) \vee Q(x))$$

$$(\forall x)P(x) \vee (\exists y)R(x, y) \Leftrightarrow \neg(\neg(\forall x)P(x) \wedge \neg(\exists y)R(x, y))$$

例 6.4.8　下面是一组与量词有关的等值公式

(1) 若公式 A 中不含有自由变元 x，则有

$$(\forall x)A \Leftrightarrow A, \quad (\exists x)A \Leftrightarrow A$$

(2) 有关全称量词和存在量词转换的等式

$$\neg((\forall x)A(x)) \Leftrightarrow (\exists x)(\neg A(x))$$

$$\neg((\exists x)A(x)) \Leftrightarrow (\forall x)(\neg A(x))$$

(3) 有关量词作用域的扩张与收缩的等式

$$(\forall x)A(x) \wedge (\forall x)B(x) \Leftrightarrow (\forall x)(A(x) \wedge B(x))$$

$$(\exists x)A(x) \vee (\exists x)B(x) \Leftrightarrow (\exists x)(A(x) \vee B(x))$$

若公式 B 中不包含自由变元 x，则有

$$(\forall x)A(x) \vee B \Leftrightarrow (\forall x)(A(x) \vee B)$$

$$(\exists x)A(x) \wedge B \Leftrightarrow (\exists x)(A(x) \wedge B)$$

(4) 有关多重量词交换次序的等式

$$(\forall x)(\forall y)A(x,\ y) \Leftrightarrow (\forall y)(\forall x)A(x,\ y)$$

$$(\exists x)(\exists y)A(x,\ y) \Leftrightarrow (\exists y)(\exists x)A(x,\ y)$$

最后我们来讨论谓词公式的范式。

定义 6.4.9 一个谓词公式，如果量词均在全式的开头，它们的作用域延伸到整个公式的末尾，则该公式叫做**前束范式**。

前束范式可记为如下形式

$$(\Box v_1)(\Box v_2)(\Box v_3)\cdots(\Box v_n)A$$

其中 $\Box$ 表示量词 $\forall$ 或 $\exists$, v_i $(i=1,\ 2,\ \cdots,\ n)$ 是客体变元，A 是没有量词的谓词公式。

定理 6.4.1 任意一个谓词公式均有一个与之等价的前束范式。

证明：设 A, B 是谓词公式，先利用等价公式：

$$A \leftrightarrow B \Leftrightarrow (A \to B) \wedge (B \to A)$$

$$A \to B \Leftrightarrow \neg A \vee B$$

将公式中的联结词 $\leftrightarrow$ 和 $\to$ 去掉。再反复使用等价公式：

$$\neg\neg A \Leftrightarrow A$$

$$\neg(A \vee B) = \neg A \wedge \neg B$$

$$\neg(A \wedge B) = \neg A \vee \neg B$$

及量词的转换律、量词作用域的扩张和吸收律等，先把 $\neg$ 移到原子公式之前，然后再必要时将约束变元换名，最后把量词提到全式的最前面，便得到了相应的前束范式。结论成立。

例 6.4.9 把公式 $(\forall x)P(x) \to (\exists x)Q(x)$ 化成前束范式。

解：
$$(\forall x)P(x) \to (\exists x)Q(x) \Leftrightarrow \neg(\forall x)P(x) \vee (\exists x)Q(x)$$
$$\Leftrightarrow (\exists x)\neg P(x) \vee (\exists x)Q(x)$$
$$\Leftrightarrow (\exists x)(\neg P(x) \vee Q(x))$$

定义 6.4.10 一个谓词公式 A 若具有下述形式称为**前束合取范式**。

$(\Box v_1)(\Box v_2)(\Box v_3)\cdots(\Box v_n)(A_{11} \vee A_{12} \vee \cdots \vee A_{1l_1}) \wedge (A_{21} \vee A_{22} \vee \cdots \vee A_{2l_2}) \wedge \cdots \wedge (A_{m1} \vee A_{m2} \vee \cdots \vee A_{ml_m})$，其中 $\Box$ 表示量词 $\forall$ 或 $\exists$, v_i $(i=1,\ 2,\ \cdots,\ n)$ 是客体变元，A_{ij} 是原子公式或其否定。

定义 6.4.11　一个谓词公式 A 若具有下述形式称为**前束析取范式**。

$(\Box v_1)(\Box v_2)(\Box v_3)\cdots(\Box v_n)(A_{11}\wedge A_{12}\wedge\cdots\wedge A_{1l_1})\vee(A_{21}\wedge A_{22}\wedge\cdots\wedge A_{2l_2})\vee\cdots\vee$ $(A_{m1}\wedge A_{m2}\wedge\cdots\wedge A_{ml_m})$，其中 $\Box$ 表示量词 $\forall$ 或 $\exists$，v_i $(i=1,\ 2,\ \cdots,\ n)$ 是客体变元，A_{ij} 是原子公式或其否定。

最后，给出如下定理，证明从略。

定理 6.4.2　任一谓词公式都有与之等价的前束合取范式和与之等价的前束析取范式。

6.5　谓词演算的推理理论

谓词演算的推理方法，可以看做是命题演算中推理方法的扩张。因为谓词演算的很多等价式和蕴含式，是命题演算中有关公式的推广，从而，命题演算中的推理规则，如 P 规则、T 规则、CP 规则等都可以在谓词演算的推理理论中加以应用。但是，在谓词推理中，某些前提与结论可能是受量词限制的。为了使用这些等价式和蕴含式，必须在推理过程中有消去和添加量词的规则，以便使谓词演算公式的推理过程可以类似于命题演算中的推理理论那样进行。接下来，引入如下规则。

1.全称指定规则 (US 规则)

若已引入 $(\forall x)A(x)$，且 y 在公式 $A(x)$ 中关于 x 是自由的，则可引入 $A(y)$。特别的，若已引入 $(\forall x)A(x)$，则可引入 $A(x)$。

注 1　使用 US 规则时，y 不能与 $A(x)$ 中其他指导变元重名。

2.全称推广规则 (UG 规则)

若已引入不含额外变元的公式 $A(x)$，且 x 不是前提中的自由变元，则可引入 $(\forall x)A(x)$。

注 2　使用 UG 规则时，必须证明前提 $A(x)$ 对论域中每一可能的 x 是真。

3.存在指定规则 (ES 规则)

若已引入 $(\exists x)A(x)$，则可引入 $A(e)$，其中 e 是额外变元，即 e 不能与给定前提中任一自由变元同名，也不与使用本规则以前任一推导步骤上得到公式中的自由变元同名。

4.存在推广规则 (EG 规则)

若已引入 $A(x)$，则可引入 $(\exists y)A(y)$，这里的 y 不能与 $A(x)$ 中的其他自由变元或指导变元同名。

有了上述推理规则，在谓词演算的形式推理中，就可以使用 US 规则和 ES 规则消去作为前提公式中前缀的量词，然后使用命题演算中的永真的蕴含式进行形式推理，在适当的时候，使用 UG 规则和 EG 规则引入量词得到所需的结论。

下面给出几个推理应用的例子。

例 6.5.1   证明: $(\forall x)A(x)(H(x) \to M(x) \wedge H(s)) \Rightarrow M(s)$ (这是著名的苏格拉底论证)。其中 $H(x):x$ 是一个人; $M(x):x$ 是要死的; s: 苏格拉底。

证明: (1) $(\forall x)(H(x) \to M(x))$ P

(2) $H(s) \to M(s)$ $US_{(1)}$

(3) $H(s)$ P

(4) $M(s)$ $T_{(2),\,(3)}$

例 6.5.2   证明: $(\forall x)(P(x) \vee Q(x)) \Rightarrow (\forall x)P(x) \vee (\exists x)Q(x)$。

证明: 只需证明下列结论即可。

$(\forall x)(P(x) \vee Q(x)) \Rightarrow \neg(\forall x)P(x) \to (\exists x)Q(x)$。

(1) $\neg(\forall x)P(x)$ P(附加前提)

(2) $(\exists x)\neg P(x)$ $T_{(1)}$

(3) $\neg P(e)$ $ES_{(2)}$

(4) $(\forall x)(P(x) \vee Q(x))$ P

(5) $P(e) \vee Q(e)$ $US_{(4)}$

(6) $Q(e)$ $T_{(3),\,(5)}$

(7) $(\exists x)Q(x)$ $EG_{(6)}$

(8) $\neg(\forall x)P(x) \to (\exists x)Q(x)$ CP

例 6.5.3   推证下列结论的有效性。

所有爱学习、有毅力的人都有知识; 每个有知识、爱思考的人都有创造; 有些有创造的人是科学家; 有些有毅力、爱学习、爱思考的人是科学家。

结论:有些爱学习、有毅力、有创造的人是科学家。

解: 设个体域是人的集合。

$P(x)$：x爱创造；　$Q(x)$：x有毅力；　$R(x)$：x有知识；

$S(x)$：x有创造；　$U(x)$：x是科学家；　$V(x)$：x爱思考。

则原命题可符号化为：

$(\forall x)((P(x) \wedge Q(x)) \rightarrow R(x)) \wedge (\forall x)((R(x) \vee V(x)) \rightarrow S(x)) \wedge ((\exists x)(S(x) \wedge U(x)) \wedge$
$(\exists x)(Q(x) \wedge P(x) \wedge V(x) \wedge U(x)) \Rightarrow (\exists x)(P(x) \wedge Q(x) \wedge S(x) \wedge U(x))$。

证明： (1) $(\exists x)(Q(x) \wedge P(x) \wedge V(x) \wedge U(x))$　　P

(2) $Q(y) \wedge P(y) \wedge V(y) \wedge U(y))$　　　　ES$_{(1)}$

(3) $Q(y) \wedge P(y)$　　　　　　　　　　　　　　T$_{(2)}$

(4) $(\forall x)((P(x) \wedge Q(x)) \rightarrow R(x))$　　　　P

(5) $(P(y) \wedge Q(y)) \rightarrow R(y)$　　　　　　　US$_{(4)}$

(6) $R(y)$　　　　　　　　　　　　　　　　　　T$_{(3)}$, $_{(5)}$

(7) $V(y)$　　　　　　　　　　　　　　　　　　T$_{(2)}$

(8) $R(y) \wedge R(y)$　　　　　　　　　　　　　T$_{(6)}$, $_{(7)}$

(9) $(\forall x)((R(x) \wedge V(x)) \rightarrow S(x))$　　　　P

(10) $(R(y) \wedge V(y)) \rightarrow S(y)$　　　　　　US$_{(9)}$

(11) $S(y)$　　　　　　　　　　　　　　　　　T$_{(8)}$, $_{(10)}$

(12) $P(y) \wedge Q(y) \wedge U(y)$　　　　　　　　T$_{(2)}$

(13) $P(y) \wedge Q(y) \wedge U(y) \wedge S(Y)$　　　　T$_{(11)}$, $_{(12)}$

(14) $(\exists x)(P(x) \wedge Q(x) \wedge S(x) \wedge U(x))$　　EG$_{(13)}$

6.6　习　题　六

1. 下列句子中哪些是命题? 哪些是原子命题?

(1) $\sqrt{5}$ 是有理数；　　　　(2) $2x + 3 > 7$；

(3) 上课时不要玩手机!　　(4) 只有聪明且勤奋的人才能有所成就；

(5) 完全图 K_4 是平面图；

(6) 满足结合律且有单位元的代数系统是单元半群。

2. 将下列命题符号化，并求出真值。

(1) 只要 $2 < 1$，就有 $3 < 2$；　　(2) 如果 $2 < 1$，则 $3 \geqslant 2$；

(1) 只要 $2 < 1$，就有 $3 < 2$；　　(2) 如果 $2 < 1$，则 $3 \geqslant 2$；

(3) 只有 $2 < 1$，才 $3 \geqslant 2$；　　(4) 除非 $2 < 1$，才有 $3 \geqslant 2$；

(5) 除非 $2 < 1$，否则 $3 < 2$；　　(6) $2 < 1$ 仅当 $3 < 2$。

3. 判断下列公式哪些是永真公式，哪些是永假公式，哪些是中性公式？

(1) $(\neg A \to B) \to (B \to A)$；　　(2) $(\neg A \wedge B) \wedge A$；

(2) $(A \to (B \to C)) \to ((A \to B) \to (A \to C))$；　　(4) $(P \to Q) \wedge \neg P \to \neg Q$；

(5) $((P \vee Q) \to R) \to ((P \wedge Q) \to R)$。

4. 设 $P: 2 + 5 = 7$；$Q:$ 南京航空航天大学是一所 "211" 工程建设大学；$R:$ 太阳从西方升起。

求下列命题的真值。

(1) $(P \leftrightarrow Q) \to R$；　　　　(2) $(R \to (P \wedge Q)) \leftrightarrow \neg P$；

(3) $\neg R \to (\neg P \vee \neg Q \vee R)$；　　(4) $(P \wedge Q \wedge \neg R) \leftrightarrow ((\neg P \vee \neg Q) \to R)$。

5. 用等值演算法证明下列等值式：

(1) $A \to (B \to A) \Leftrightarrow \neg A \to (A \to B)$；　　(2) $\neg(P \leftrightarrow Q) \Leftrightarrow (P \vee Q) \wedge \neg(P \wedge Q)$；

(3) $A \to (B \vee C) \Leftrightarrow (A \wedge \neg B) \to C$；　　(4) $(P \wedge \neg Q) \vee (\neg P \wedge Q) \Leftrightarrow (P \vee Q) \wedge \neg(P \wedge Q)$；

(5) $\neg(P \to Q) \Leftrightarrow P \wedge \neg Q$。

6. 求下列命题公式的析取范式。

(1) $(P \to \neg Q) \to R$；　　　　(2) $P \to ((P \vee Q) \to R)$；

(3) $\neg(P \to Q) \wedge (R \to P)$；　　(4) $(\neg P \wedge Q) \to R$；

(5) $\neg(P \wedge Q) \wedge (P \vee Q)$。

7. 求下列命题公式的合取范式。

(1) $P \vee (\neg P \wedge Q \wedge R)$；　　(2) $\neg P \vee (\neg Q \to \neg R)$；

(3) $\neg(P \to Q) \vee (P \vee Q)$；　　(4) $(\neg P \wedge Q) \vee (P \wedge \neg Q)$；

(5) $P \to (P \wedge (Q \to P))$。

8. 求下列公式的主析取范式和主合取范式。

(1) $Q \wedge (P \vee \neg Q)$；　　　　(2) $(Q \to P) \wedge (\neg P \wedge Q)$；

(3) $(\neg P \vee \neg Q) \to (P \leftrightarrow \neg Q)$；　　(4) $(P \to (Q \wedge R)) \wedge (P \to (\neg Q \to R))$；

(5) $P \vee (\neg P \to (Q \vee (\neg Q \to R)))$。

9. 用命题公式描述下列推理的形式，并证明这些推理形式是有效的。

(1) 若甲得冠军，则乙或丙得亚军，若乙得亚军，则甲不得冠军。若丁得亚军，则丙不得亚军。所以，甲得冠军时丁必不是亚军。

(2) 106 教室不是考《离散数学》，就是考《计算机原理》。如果考《离散数学》，那么我去 106 教室。如果我去 106 教室，那么我不去看球赛。所以，如果我去看球赛，那么 106 教室靠《计算机原理》。

10. 证明下述推理的有效性：

若主教练战术布置得当，则球队不会输，除非主力队员大都有伤且对手状态超常。如果对手状态一般且主教练战术对路，则球队一定不会输。

11. 证明：

(1) $A \rightarrow \neg B, A \vee C, C \rightarrow \neg B, R \rightarrow B \Rightarrow \neg R$;　(2) $A \leftrightarrow B, B \leftrightarrow C \Rightarrow \neg A \vee C$;

(3) $\neg B, C \rightarrow \neg A, \neg B \rightarrow A, C \vee D \Rightarrow D$;

(4) $\neg A \vee B, \neg B \vee C, C \rightarrow D \Rightarrow A \rightarrow D$。

12. 用反证法证明下列推理。

(1) $A \rightarrow B, \neg(B \vee C) \Rightarrow \neg A$;

(2) $P \vee Q, P \rightarrow R, Q \rightarrow R \Rightarrow R$。

13. 指出下列谓词公式中的量词作用域及自由变元与约束变元。

(1) $\forall x(P(x) \rightarrow \exists y R(x, y))$;　　　(2) $\forall x(F(x, y) \rightarrow G(x, z))$;

(3) $\forall x(P(x) \rightarrow G(y)) \rightarrow \exists y(H(x) \wedge L(x, y, z))$;

(4) $\forall x(\forall y((P(x, y) \wedge Q(y, z))) \wedge \exists x P(x, y))$;

14. 把下列公式化成前束范式。

(1) $(\forall x)(\forall y)((\exists z)(P(x, z) \wedge P(y, z)) \rightarrow (\exists u)Q(x, y, u))$;

(2) $(\exists x)(\neg((\exists y)(P(x, y) \rightarrow ((\exists z)Q(z) \rightarrow R(x))))$。

15. 符号化下列命题并推证其结论。

(1) 每个大学生不是文科学生就是理工科学生，有的大学生是优等生，小张不是理工科学生，但他是优等生，因而如果小张是大学生，他就是文科学生。

(2) 任何人违反交通规则，则要受到罚款；因此，如果没有罚款，则没有人违反交通规则。

附录 A 名词 (中英文) 索引

参 考 文 献

[1] 陶增乐, 黄馥林, 陈强璋. 离散数学 [M]. 上海: 华东师范大学出版社, 1996.

[2] 陈莉, 刘晓霞. 离散数学 [M]. 北京: 高等教育出版社, 2002.

[3] 耿素云, 屈婉玲. 离散数学 [M]. 修订版. 北京: 高等教育出版社, 2004.

[4] 邦迪 J A, 默蒂 U S R. 图论及其应用 [M]. 吴望名, 等, 译. 北京: 科学出版社, 1984.

[5] 左孝凌, 李为鉴, 刘永才. 离散数学 [M]. 上海: 上海科学技术文献出版社, 1981.